高 等 学 校 教 材

大学物理化学实验

广西大学化学化工学院应用化学教研室　组织编写
许雪棠　主编　　李 斌　范闽光　副主编

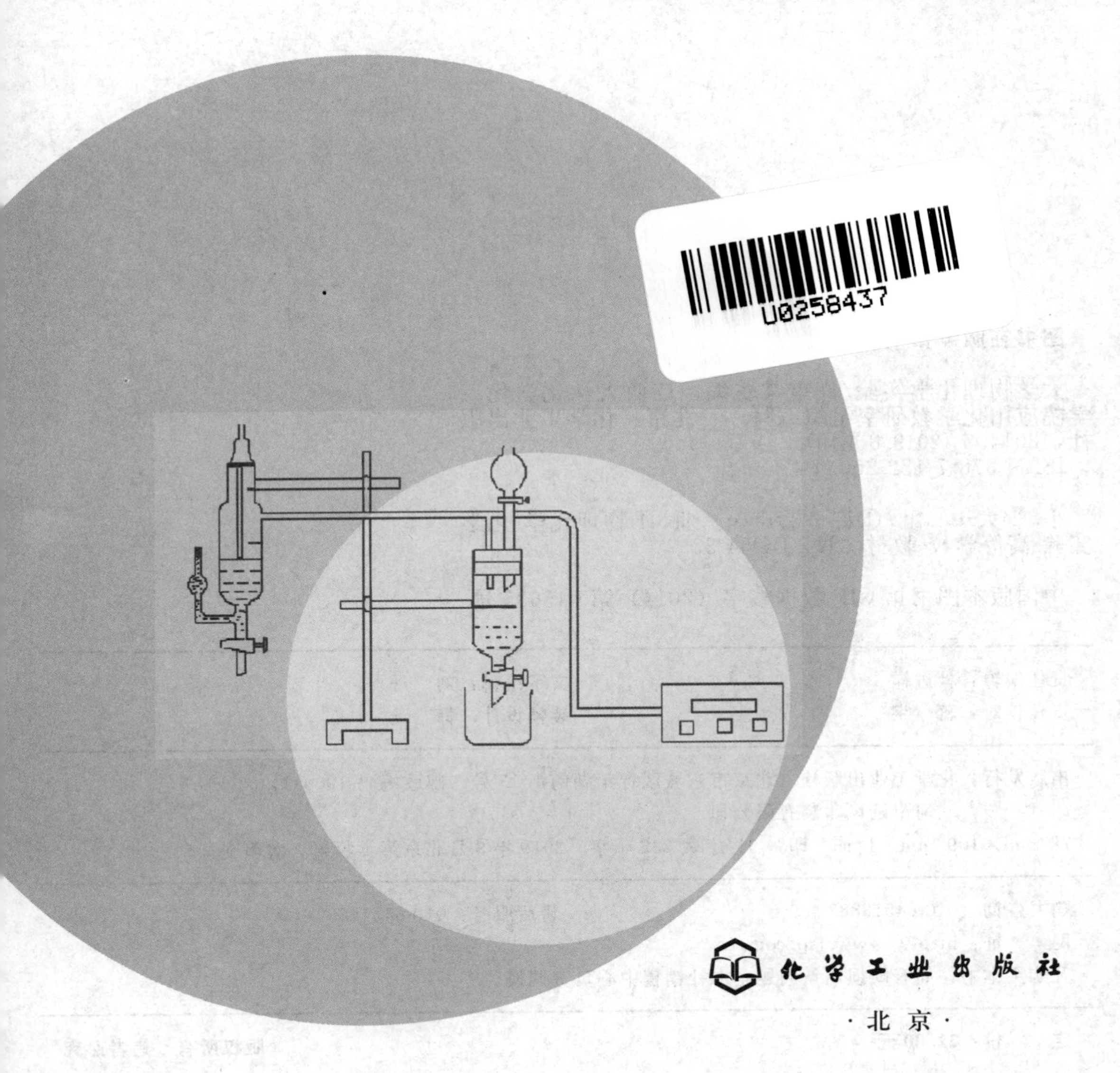

U0258437

化学工业出版社
·北京·

本书分为上、下两篇，内容有绪论（含物理化学实验目的与要求、物理化学实验中的安全防护、实验误差与数据处理）、基础物理化学实验技术、物理化学实验常用仪器及物理化学实验。其中实验涵盖了化学热力学、电化学、化学动力学、界面与胶体化学、结构化学五部分的基础实验及综合设计性实验，共27个实验。

本书可作为高等学校化学类、化工类及相关专业的物理化学实验课程教材。

图书在版编目（CIP）数据

大学物理化学实验/许雪棠主编；广西大学化学化工学院应用化学教研室组织编写．—北京：化学工业出版社，2014.5（2019.8重印）
ISBN 978-7-122-20034-1

Ⅰ.①大… Ⅱ.①许…②广… Ⅲ.①物理化学-化学实验-高等学校-教材 Ⅳ.①O64-33

中国版本图书馆CIP数据核字（2014）第045635号

责任编辑：杜进祥　　文字编辑：刘　丹
责任校对：蒋　宇　　装帧设计：韩　飞

出版发行：化学工业出版社（北京市东城区青年湖南街13号　邮政编码100011）
印　　装：三河市延风印装有限公司
787mm×1092mm　1/16　印张9½字数232千字　2019年8月北京第1版第3次印刷

购书咨询：010-64518888　　售后服务：010-64518899
网　　址：http://www.cip.com.cn
凡购买本书，如有缺损质量问题，本社销售中心负责调换。

定　　价：22.00元

版权所有　违者必究

前言

物理化学课程是化学类、化工与制药类、轻工类、环境科学与工程类、生物工程类、材料类等专业的重要基础课程。物理化学实验则是通过实验教学，使学生初步了解物理化学的实验研究方法，掌握物理化学的基本实验技术，加深对物理化学基本理论的理解，增强解决实际化学问题的能力。

本教材是在由蒋月秀等主编的《物理化学实验》（华东理工大学出版社，2005）的基础上，根据物理化学学科发展和教学改革的需要而重新编写的。近年来，随着实验条件、仪器设备的不断更新和完善，不少实验内容、方法及测试技术都有了很大的改进，同时，结合本课程组教师的科研成果增加一些综合性、设计性实验。本教材的编写旨在使大学物理化学实验适应新的发展形势，满足更多地方高校的化学相关专业的实验教学需求，通过实验培养学生的实际动手能力和创新意识。

本教材分为上、下篇。上篇主要是物理化学实验的基本知识及实验技术，包括绪论、基础物理化学实验技术及物理化学实验常用仪器；下篇是物理化学实验，包含化学热力学、电化学、化学动力学、界面与胶体化学、结构化学五部分的基础实验及综合设计性实验，共 27 个实验。每个实验的编写均由实验目的、实验原理、仪器与试剂、实验步骤、注意事项、数据处理要求、思考题组成。考虑到理、工科及不同专业的实验要求，在每个实验的编写中，注意到实验内容的相对完整性与独立性，使学生根据学时要求既可选做部分内容也可完成全部实验，从而适应不同层次的学习。

本教材是广西大学立项编写教材，由广西大学化学化工学院应用化学教研室的许雪棠主编，李斌、范闽光副主编，张飞跃、蒋月秀、薛红、陈希慧、李俊杰、周锡波、苏静、刘旭、孙宝珍、董丽辉、贺海翔、黄燕梅、余在华等参与编写，全书由许雪棠定稿。在编写过程中，得到了广西大学教务处、化学化工学院等领导的支持，同时参阅了有关兄弟院校的同类教材及相关文献资料，在此深表感谢。

由于编者水平有限，书中的疏漏在所难免，敬请读者批评指正。

编者

2014.1

目录

上篇　物理化学实验的基本知识及实验技术

下篇　物理化学实验

上篇　物理化学实验的基本知识及实验技术

第1章 绪 论

1.1 物理化学实验目的与要求

1.1.1 物理化学实验目的

物理化学实验是一门基础实验课程，它与《物理化学》课程密切相关，主要是运用物理化学原理解决实际化学问题，是一门理论性、实践性和技术性很强的课程。

物理化学实验的主要目的是使学生初步了解物理化学的实验研究方法，掌握物理化学的基本实验技术。通过正确使用常用仪器、记录及处理实验数据、分析实验现象和实验结果，加深对物理化学基本理论的理解，增强解决实际化学问题的能力。

1.1.2 物理化学实验要求

物理化学实验课程，对培养学生独立从事科学研究的工作能力具有重要的作用。为了达到该课程的目的，保证课程质量，对学生物理化学实验课程学习的基本要求如下。

（1）实验前预习　学生在实验前应认真仔细阅读实验内容，了解实验目的、原理、所用仪器的构造和使用方法，了解实验操作过程。在预习的基础上写好实验预习报告。预习报告内容包括实验目的、实验仪器与试剂、实验数据记录表格、预习中遇到的问题和实验步骤中的注意事项。实验预习报告在实验前交给指导教师检查。

（2）实验操作

① 在实验过程中，严格地按实验操作规程认真仔细地进行实验。

② 记录实验现象及数据必须真实、准确，不能随意更改；实验数据应尽可能以表格形式整齐地记录在实验记录本上。

③ 在实验过程中要多思考，细心观察实验现象，及时发现并设法解决实验中出现的各种问题。

④ 实验完毕后，将记录的原始数据交指导教师检查，合格后方可拆除实验装置，如不合格，需补做或重做实验。

⑤ 实验完毕后应清理实验桌，洗净并核对仪器，若有损坏，请登记并按规定赔偿。关闭水、电、气，经指导教师同意后才能离开实验室。

（3）实验报告　写实验报告是本课程的基本训练，它将使学生在实验数据处理、作图、误差分析、问题归纳等方面得到训练和提高，为今后写科学研究论文打下基础。实验报告的书写要求字迹清楚整洁、作图规范、数据处理恰当。

物理化学实验报告一般包括：实验目的、实验原理、实验操作步骤、数据处理及结果与讨论。

实验目的要求简要地说明研究对象及需要掌握的实验方法。

实验原理应简要地用文字、公式和图概述。

实验操作步骤应简要地用文字分点概述，仪器装置用简图表示，并注明各部分的名称。

数据处理要写出相关的计算公式，并注明公式中所需的已知常数值。同时取一组原始数据进行计算示例，注意各种数值的单位；处理后的实验数据尽可能以表格形式表达，每一表格标题要有名称，每项数据要在数据表头标出单位及量纲。作图按实验数据表达方法中的作图方法进行，图要有标题，并端正地粘贴在实验报告上。

结果与讨论的内容可包括对实验现象的分析和解释，以及对实验原理、实验操作、仪器设计和实验误差等问题的讨论或建议。

1.1.3　实验室规则

实验是教学、科研的重要组成部分，为保障教学、科研的顺利进行，学生在实验室必须尊重科学，讲究文明，自觉遵守以下规则。

① 学生进行实验前必须做好预习，认真阅读实验指导书，查阅相关基本知识，明确实验目的和内容，掌握实验步骤，并接受老师的提问和检查。

② 进入实验室必须遵守实验室的一切规章制度，服从教师安排，在指定地点进行实验；保持室内清洁、安静，不准吸烟、吐痰、乱扔纸屑及其他杂物，不准喧哗、打闹；不准携带食物进入实验室；不准穿拖鞋进入实验室，要求衣冠整洁，不能袒胸露背，不能穿超短裤或超短裙。

③ 实验前应核对自己所用的仪器、工具等，如有问题立即向指导教师报告。

④ 一切准备工作就绪后，经指导教师同意后方可动用仪器进行实验；实验中要严格遵守操作规程，细心观察，如实记录，不得擅自离开岗位，不得抄袭他组数据。

⑤ 实验中要注意安全，出现意外事故时要保持镇静，并迅速采取措施（切断电源、气源等），防止事故扩大，并注意保护现场，及时向指导教师报告。

⑥ 爱护仪器设备，节约用水、用电和实验材料，未经许可不准动用与本实验无关的仪器设备。

⑦ 实验过程中，若仪器设备发生故障或损坏时，应及时报告指导教师处理，凡损坏仪器设备、器皿、工具者，应主动说明原因并接受检查，填写报损单，由指导教师根据情况，按有关规定处理；对违反操作或擅自动用其他设备造成损坏者，由事故者作书面检查，并赔偿损失。同时，视情节轻重，酌情免予或给予处分。

⑧ 实验完成后，须整理好使用的仪器设备，清理实验场地，关闭水、电、气，经指导教师同意后，方可离开实验室。

1.2　物理化学实验中的安全防护

化学实验涉及电、高压气瓶、化学药品、辐射源等对实验室和人体安全可能会造成损害的设施及物品。因此，要求实验者要有防火、防爆、防毒的意识，安全使用电、高压气瓶以及化学药品等实验用品。

1.2.1　安全用电常识

(1) 防止触电　人体通过1mA、50Hz的交流电时就有感觉。大于10mA的电流使肌肉强烈收缩；大于25mA的电流会造成呼吸困难或呼吸停止；大于100mA的电流使心室产生纤维性颤动，以致无法救活。直流电对人体的危害与交流电相似。

防止触电需注意：

① 操作电器时，手必须干燥。手潮湿会显著地减小电阻，容易引起触电。不得直接接触绝缘不好的通电设备。

② 一切电源裸露部分都应有绝缘装置（电开关应有绝缘闸，电线接头裹以绝缘胶布、胶管），所有电器设备的金属外壳应接地线。

③ 已损坏的接头或绝缘不良的电线应及时更换。

④ 修理或安装电器设备时，必须先切断电源。

⑤ 不能用试电笔去试高压电。

⑥ 如果遇到有人触电，应首先切断电源，然后进行抢救。因此，实验前应了解实验室电源总开关的位置。

(2) 负荷及短路　物理化学实验室总电闸一般允许最大电流为30A，超过30A时保险丝会熔断。一般实验台上的电源最大允许电流为15A。使用功率很大的仪器，应事先计算好电流量，严格按照规定的安培数接保险丝，否则长期使用超过规定负荷的电流，容易引起火灾或其他严重事故。

接保险丝，应先拉开电闸，不能带电操作。为防止短路，避免导线间的摩擦，避免导线、电器受到水淋或浸在导电的液体中。

若室内有大量的氢气、煤气等易燃易爆气体时，应防止电火花，否则会引起火灾或爆炸。电火花经常在电器接触点（如插销）接触不良处，继电器工作及开关电闸时发生。因此，应注意室内通风。消除或减弱电火花的方法是使电线接头接触良好、包扎牢固。着火时首先拉开电闸，切断电路，再用一般方法灭火。若无法拉开电闸，用沙土或CO_2灭火，绝不能用可导电的水或泡沫灭火器灭火。

(3) 使用电器仪表

① 注意仪器设备所要求的电源是交流电还是直流电、三相电还是单相电、电压的大小（220V、110V、6V等）、功率是否合适及正负接头等。

② 注意仪表的量程。待测数量程范围必须与仪器的量程相适应。若待测量的范围不清楚时，首先从仪器的最大量程开始测数据，逐步降低量程。例如某一毫安培计的量程为7.5mA、3mA、1.5mA，测量时，先从7.5mA开始测量，逐步降低量程到3mA或1.5mA。

③ 线路安装完毕应仔细检查，确保无误。正式实验前无论对安装（包括仪器量程是否合适）有无充分把握，都应先使线路接通，根据接通一瞬间仪表指针摆动速度及方向加以判断，当确认无误后，才能正式进行实验。

(4) 及时关电　从安全、节约和延长仪器使用寿命的角度出发，不测量时应断开线路或关闭电源。

1.2.2　使用化学药品的安全防护

(1) 防毒　大多数化学药品都具有不同程度的毒性。毒物可通过呼吸道、消化道和皮肤进入人体。因此，防毒的关键是尽可能地杜绝或减少毒物进入人体。实验中要注意如下几点。

① 实验前要了解所用药品的毒性、性能和防护措施。

② 操作有毒气体（如H_2S、Cl_2、Br_2、NO_2、浓盐酸和氢氟酸等）时，在通风橱中进行。

③ 防止煤气管、煤气灯漏气，使用煤气后一定要关好煤气闸门。

④ 苯、四氯化碳、乙醚、硝基苯等物质的蒸气会引起中毒，虽然它们都有特殊气味，

但久吸后会使人嗅觉减弱，必须高度警惕。

⑤ 用移液管量取有毒和腐蚀性液体（如苯、洗液等）时，严禁用嘴吸。

⑥ 一些药品（如苯、有机溶剂、汞等）能穿过皮肤进入体内，应避免直接与皮肤接触。

⑦ 剧毒的药品如汞盐［$HgCl_2$、$Hg(NO_3)_2$、$Hg_2(NO_3)_2$ 等］、可溶性钡盐（$BaCO_3$、$BaCl_2$）、重金属盐（镉盐、铅盐）及氰化物、三氧化二砷等，应妥善保管。

⑧ 不得在实验室内喝水、抽烟、吃东西。离开实验室时要洗净双手。饮食用具不得带到实验室内，以防毒物沾染。

⑨ 汞和汞的化合物为高毒性物质，汞（Hg）为高毒性的液态金属，常温下易逸出蒸气，人体吸入汞蒸气后，会造成严重毒害（汞中毒）。汞的化合物易引起急性中毒，如高汞盐入口 0.1～0.3g，则可使人致死；汞蒸气进入人体引起慢性中毒，其症状为食欲不振、恶心、大便秘结、贫血、骨骼和关节疼痛、神经系统衰弱等，汞蒸气的最大安全浓度为 $0.1mg \cdot m^{-3}$。20℃时，汞的饱和蒸气压为 0.0012mmHg（1mmHg＝133.322Pa），高于安全浓度一百多倍。因此，用汞和汞的化合物时，要严格遵守安全用汞的操作规定。

安全用汞的操作规定

a. 在装有汞的容器中加水或其他液体覆盖在汞面上，避免汞直接暴露在空气中。

b. 倒汞操作一律在装水的浅瓷盘中进行。在倾去汞面上的液体时，先在瓷盘上把水倒入烧杯，在确认水中无汞后，再把烧杯中的水倒入水槽。

c. 装汞的仪器下面一律要放置盛水的浅瓷盘，防止操作过程中偶然洒出的汞滴散落到桌面或地面。

d. 实验操作前应仔细检查仪器安放和仪器连接处是否牢固，橡皮管或塑料管的连接处必须用铜线缚牢，防止实验时连接处脱落造成汞流出。

e. 由于汞的密度大，盛汞容器必须是结实的厚壁玻璃器皿或瓷器，如用烧杯盛汞，汞量不得超过 30mL。倾倒汞时，动作要缓慢，不要用容积超过 250mL 的大烧杯，以免汞倾倒时溅出。

f. 若汞掉在地上、桌面或水槽等地方，用吸汞管尽可能地将汞珠收集起来后，用能成汞齐的金属片（如 Zn、Cu）在汞溅落处多次扫过。最后用硫黄粉覆盖在可能有汞溅落的地方并摩擦之，使汞变为难以挥发的 HgS；或用 $KMnO_4$ 溶液氧化汞。

g. 擦过汞齐或汞的滤纸及布块必须放在有水的容器内。

h. 装有汞的仪器应放在远离热源处，避免受热。严禁将有汞的器具放入烘箱。

i. 应在有良好通风设备的专用实验室中用汞，用汞实验室要经常通风排气。

j. 手上有伤口，切勿触及汞。

⑩ 使用同位素放射源或有放射性成分的药品，要严格遵守使用辐射源的安全防护规则，放射性物质要尽量在密闭容器内操作，操作时应戴防护手套和口罩，严防放射性物质飞溅而污染空气，加强室内通风换气，操作结束后应全身淋浴，切实地防止放射性物质从呼吸道或食道进入体内。对暂时不用或多余的同位素放射源，应及时采取有效的屏蔽措施，储存在适当的地方。

防止放射性物质进入人体是电离辐射安全防护的重要前提，一旦放射性物质进入人体，上述的屏蔽防护措施就失去了意义。

（2）防爆　可燃性气体与空气的混合物比例处于爆炸极限时，只要有一个适当的热源（如电火花）诱发，就会引起爆炸。因此，为了防止可燃性气体散失到室内空气中，应保持室内通风良好，使气体无法形成爆炸的混合气。在操作大量可燃性气体时，应严禁使用明火、可能产生电火花的电器，防止铁器撞击产生火花等。一些常见气体的爆炸极限见表1-1。

表1-1　与空气相混合的一些常见气体的爆炸极限（20℃，1大气压）

气体	爆炸上限(体积分数)/%	爆炸下限(体积分数)/%	气体	爆炸上限(体积分数)/%	爆炸下限(体积分数)/%
氢气	74.2	4.0	醋酸		4.1
乙烯	28.6	2.8	乙酸乙酯	11.4	2.2
乙炔	80.0	2.5	一氧化碳	74.2	12.5
苯	6.8	1.4	水煤气	72	7.0
乙醇	19.0	3.3	焦炉煤气	32	5.3
乙醚	36.5	1.9	氨	27.0	15.5
丙酮	12.8	2.6			

另外，有些化学药品如叠氮铅、乙炔银、乙炔铜、高氯酸盐、过氧化物等受到震动或受热时易引起爆炸。特别注意不能将强氧化剂与强还原剂一同存放。久藏的乙醚使用前要设法除去其中可能产生的过氧化物；在操作可能发生爆炸的实验时，事先应有相应的防爆措施。

(3) 防火　物质燃烧需具备三个条件：可燃物质、氧气或氧化剂及一定的温度。

许多有机溶剂（如乙醚、丙酮、乙醇、苯、二硫化碳等）易燃。使用这类有机溶剂时室内不应有明火（包括电火花、静电放电等）；实验室内不能长期存放过多的该类药品；该类药品使用后要及时回收处理，不能倒入下水道以防积聚引起火灾。对于可自燃的物质（如黄磷、比表面很大且在空气中易发生激烈氧化作用的钠、钾、铁、锌、铝等金属的粉末、电石、金属氢化物和烷基化合物等），在存放和使用时要采取隔绝空气和水分的措施。若发生火情，要冷静判断情况采取切实可行的措施（如隔绝氧的供应、降低燃烧物的温度、把可燃物质与火焰隔离等）。灭火器与灭火剂根据着火原因、场所情况选用。常用灭火剂有水、砂及CO_2、CCl_4、泡沫和干粉等。

水是最常用的灭火物质，它可降低燃烧物质的温度，形成的“水蒸气幕”在相当长的时间内阻止空气接近燃烧物质。但是，灭火剂的选用应注意起火地点的具体情况。

① 有金属钠、钾、镁、铝粉、电石、过氧化钠等，采用干砂等灭火剂，不能用水或四氯化碳。

② 对密度低于水的易燃液体，如汽油、苯、丙酮等，采用泡沫灭火剂效果较好，因为泡沫比易燃液体轻，覆盖在液体表面隔绝空气。

③ 灼烧的金属或熔融物存放处着火采用砂或固体粉末灭火剂（固体粉末灭火剂通常由碳酸氢钠和相当于碳酸氢钠质量45%～90%的细砂、硅藻土或滑石粉组成）。

④ 电气设备或带电系统着火，用二氧化碳或四氯化碳灭火器较合适。

上述四种情况中，水不但起不到灭火作用，反而会造成更大的危害。四氯化碳有毒，在室内救火时最好不用。灭火时不能慌乱，防止在灭火过程中再打碎盛可燃物的容器。平时各种灭火器材的存放地点和灭火剂有效期要经常检查。

(4) 防灼伤　强酸、强碱、强氧化剂、溴、磷、钠、钾、苯酚、冰醋酸等都会腐蚀皮肤，对人体造成严重灼伤。因此，实验时要非常小心，严防这些药品溅人的眼内。液氮等低温液体也会使皮肤严重灼伤，使用时要非常小心，万一受伤要及时治疗。

(5) 防水　在完成实验或离开实验室前要检查水、电、煤气等开关是否关好，尽量杜绝因水、电、煤气等设施导致的事故。

1.2.3　高压气瓶的安全使用

物理化学实验常使用压缩气体，如氧气、氢气和氮气等，为便于储运和使用，常将气体压缩或液化，灌入钢瓶内，当钢瓶受到撞击或剧热时，有爆炸的危险。此外，有些气体有毒，一旦泄漏，会成严重后果。因此，在实验中，正确识别各类钢瓶，安全使用各种压缩气体或液化气体钢瓶非常重要。

（1）高压气瓶与减压阀　气瓶是高压容器，瓶内装有高压气体，要承受搬运、滚动等外界的作用力。其质量要求严格，材料要求高，常用无缝合金或锰钢管制成的圆柱形容器。气瓶壁厚5～8mm，容量12～55m^3不等。底部呈半球形，通常还装有钢质底座，便于竖放。气瓶顶部有启闭气门（即开关阀），气门侧面接头（支管）上有连接螺纹，用于连接减压阀。用于可燃性气体（如H_2、C_2H_2）的应为反向的左旋螺纹，不燃性或助燃性气体（如N_2、O_2）的为正向的右旋螺纹。这是为杜绝把可燃性气体压缩到盛有空气或氧气的气瓶中的可能性，以及防止偶然把可燃性气体的气瓶连接到有爆炸危险的装置上去。

各类气瓶容器必须符合《气瓶安全监察规定》的要求。气瓶上须有制造钢印标记和检验钢印标记。制造钢印标记有气瓶制造单位代号、气瓶编号、工作压力（MPa）、实际质量（kg）、实际容积（L）、瓶体设计壁厚（mm）、制造单位检验标记和制造年月、监督检验标记和寒冷地区使用气瓶标记。检验钢印标记有检验单位代号、检验日期、下次检验日期等。为了安全使用，各类气瓶应定期送检验单位进行技术检查，一般气瓶至少每三年检验一次，充装腐蚀性气体的气瓶至少每两年检验一次。检验中若发现气瓶的质量损失或容积增加率超过一定的标准，应降级使用或给予报废。

由于气瓶内的压力一般很高，而使用所需压力往往较低，单靠启闭气门不能准确、稳定地调节气体的放出量。为了降低压力并保持稳定压力，就需要装上减压阀。不同的气体有不同的减压阀，一般不得混用。不同的减压阀，外表涂以不同颜色加以标识，与各种气体的气瓶颜色标识一致。必须注意的是：用于氧的减压阀可用于装氮或空气的气瓶上，而用于氮的减压阀只有在充分洗除油脂之后，才可用于氧气瓶上。

最常用的减压阀为氧气减压阀，简称氧压表。氧气减压阀的高压腔与钢瓶连接，低压腔为气体出口，通往使用系统。高压表的示值为钢瓶内贮存气体压力。低压表的出口压力可由调节螺杆控制。使用时先打开钢瓶总开关，然后顺时针转动低压表压力调节螺杆，使其压缩主弹簧并传动薄膜、弹簧垫块和顶杆而将活门打开。这样进口的高压气体由高压室经节流减压后进入低压室，并经出口通往工作系统。转动调节螺杆，改变活门开启的高度，从而调节高压气体的通过量并达到所需的减压压力。

减压阀都装有安全阀，它是保护减压阀安全使用的装置，也是减压阀出现故障的信号装置。如果由于活门垫、活门损坏或其他原因，导致出口压力自行上升并超过一定许可值时，安全阀会自动打开排气。在装卸减压阀时，必须注意防止气瓶支管接头的丝扣滑牙，以致减压阀装旋不牢而漏气或被高压射出。卸下的减压阀要注意轻放，妥善保存，避免撞击、震动，不要放在有腐蚀性物质的地方，并防止灰尘落入表内以致阻塞失灵。

高压气体每次用毕，先关闭气瓶气门，然后放尽减压阀内的气体，最后将调压螺杆旋松，否则弹簧长期受压，将使减压阀压力表失灵。

（2）气瓶内装气体的分类

① 压缩气体　临界温度低于10℃的气体经加高压压缩后，仍处于气态者称为压缩气体，

如氧、氮、氢、空气、氩、氦等气瓶的气体。这类气体钢瓶设计压力大于 12MPa，称为高压气瓶。

② 液化气体　临界温度≥10℃的气体经加高压压缩，转为液态并与其蒸气处于平衡状态者称为液化气体，如二氧化碳、氧化亚氮、氨、氯、硫化氢等。

③ 溶解气体　单纯加高压压缩可能会产生分解、爆炸等危险的气体，必须在加高压的同时，将其溶解于适当溶剂中，并由多孔性固体填充物所吸收。在 15℃以下压力达 0.2MPa 以上者称为溶解气体，如乙炔。

(3) 气体钢瓶的颜色标记　实验室中常使用容积约 40L 的气体钢瓶。为避免各种钢瓶的混淆，防止事故的发生，瓶身按规定涂色和写字。

据我国有关部门规定，各种钢瓶必须按照表 1-2 的规定进行漆色、标注气体名称和涂刷横条。

表 1-2　气体钢瓶的颜色标记

充装气体名称	瓶　色	字　样	字　色	色　环
乙炔	白	乙炔不可近火	大红	
氢	深绿	氢	大红	P=20,淡黄色单环 P=30,淡黄色双环
氧	淡(酞)蓝	氧	黑	P=20,白色单环 P=30,白色双环
氮	黑	氮	淡黄	
空气	黑	空气	白	
氩	银灰	氩	深绿	
二氧化碳	铝白	液态二氧化碳	黑	P=20,黑色单环
氨	淡黄	液化氨	黑	
氯	深绿	液化氯	白	

注：色环内的 P 是气瓶的公称工作压力，MPa。

(4) 气体钢瓶的安全使用

① 压缩气体或液化气体钢瓶所配仪表和接头一定要保证质量，不能漏气。

② 气体钢瓶搬运时，须戴上瓶帽、橡皮防震圈。不得在地上滚动，避免与其他坚硬物体碰撞，放置要稳定，避免突然摔倒。液化气体钢瓶使用时一定要直立放置，禁止倒置使用。

③ 钢瓶应放置在阴凉、干燥，远离电源、热源（如阳光、暖气、炉火等）的地方。特别是可燃气体钢瓶必须与氧气瓶分开存放，严禁氢气、氧气或可燃气体钢瓶靠近明火。对接触后可能引起爆炸的气体，如氢气瓶和氧气瓶、氢气瓶和氯气瓶等切忌放在一起。氧、液氯、压缩空气等助燃气体钢瓶严禁与易燃物品放置在一起。另外钢瓶放置一段时间，应定期进行安全检查，如进行水压试验、气密性试验和壁厚测定等。

④ 因油脂遇到逸出的氧气可能燃烧，故严禁油脂等有机物沾污氧气钢瓶瓶嘴，如已有油脂污染，应立即用四氯化碳洗净。在使用氧气钢瓶时，应特别注意检查和清洁表头、工具等，绝不能让它们沾有油污，防止爆炸。

⑤ 存放氢气钢瓶或其他可燃性气体钢瓶的房间应注意通风，以免漏出的氢气或可燃性气体与空气混合后遇到火种发生爆炸。室内的照明灯及电气通风装置均应防爆。室内严禁吸烟。

⑥ 使用钢瓶气体时，一般要装减压阀。可燃气体（如氢、乙炔）钢瓶的螺纹一般是反扣的，其余是正扣的。各种减压阀不得混用。开启气阀时应缓缓打开钢瓶上端的阀门，不得

猛开阀门。

⑦ 钢瓶内气体不能全部用尽，要留下一些气体，以防止外界空气进入气体钢瓶，一般保持0.5MPa表压以上的残留压力。

⑧ 钢瓶须定期送交检验，合格钢瓶才能充气使用。

1.3 实验误差与数据处理

在物理量的实际测量中，无论是直接测量的量，还是间接的量（由直接测量的量通过公式计算得到的量），由于测量方法以及外界条件的影响等因素的限制，使得测量值与真值（或实验平均值）之间存在一个称为“测量误差”的差值。

由于误差无法消除，研究误差的目的是要在一定条件下得到更接近于真实值的最佳测量结果，并确认结果的不确定程度；在实验前估算各测量值的误差，为正确选择实验方法、选用精密度相当的仪器、降低成本、缩短实验时间、获得预期的实验效果提供基本保证。因此，除了认真仔细地进行实验外，还要具备正确表达实验结果的能力。仅报告结果而不同时指出结果的不确定程度的实验是没有价值的。正确的误差概念对正确表达实验结果非常重要。

1.3.1 误差的分类

根据误差的性质和来源，可将测量误差分为系统误差、偶然误差和过失误差。

（1）系统误差　在相同条件下，对某一物理量进行多次测量时，测量误差的绝对值和符号保持恒定（总比真值大或小），这种测量误差称为系统误差。产生系统误差的原因有：

① 实验方法的理论依据有缺陷，或实验条件控制不够严格，或测量方法本身受到限制。如根据理想气体状态方程测量某种物质蒸气分子的质量时，由于实际气体对理想气体的偏差，若不采用外推法，测量结果总比实际分子的质量高。

② 仪器的灵敏度不够高，或仪器装置精度有限，试剂纯度不符合要求等。

③ 个人习惯性误差，如读数、计时的误差等。

系统误差决定了测量结果的准确度。系统误差可通过校正仪器刻度、改进实验条件、提高药品纯度、修正计算公式等方法减少或消除。但有时系统误差的存在很难确定，通常需要用几种不同的实验方法或改变实验条件来确定。

（2）偶然误差（随机误差）　在相同实验条件下，多次测量某一物理量时，每次的测量结果都不会完全相同，它们围绕着某一数值无规则地变动，误差的绝对值和符号无规则地变动，这种测量误差称为偶然误差。产生偶然误差的原因可能有：

① 实验者对仪器最小分度值的估读，每次很难相同；

② 测量仪器的某些元部件性能变化；

③ 影响测量结果的某些实验条件的控制。

偶然误差在测量时不可能消除，也无法估计，但它一般服从正态分布的统计规律。若以横坐标表示偶然误差δ，纵坐标表示偶然误差出现的次数n，可得到图1-1，其中σ为标准误差。

由图中曲线可见：①σ愈小，分布曲线愈尖锐，即实验测量数据中，偶然误差小的数据出现的概率大；②分布曲线对纵坐标呈轴对称，即误差分布具有对称性，说明误差出现的绝对值相等，且正负误差出现的概率相等。当测量次数n无限多时，偶然误差的算术平均值趋

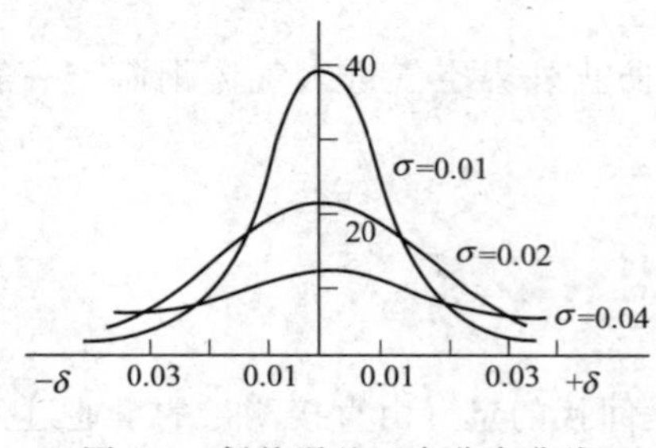

图 1-1　偶然误差正态分布曲线

于零：

$$\lim_{n\to\infty}\bar{\delta}=\frac{1}{n}\sum_{i=1}^{n}\delta_i=0 \tag{1-1}$$

因此，要减小偶然误差，需对被测物理量进行多次重复测量，以提高测量的精密度。

(3) 过失误差（粗差）　实验者在实验中出现失误所造成的误差。如数据读取、记录及计算错误，或实验条件失控导致的数据误差。只要实验者细心操作，这类误差完全可以避免。

1.3.2　误差与偏差

(1) 误差的定义　误差有两种表示方法：绝对误差和相对误差。绝对误差是测量值与真值之差，可表示为：

$$\text{绝对误差}(\delta_i)=\text{测量值}(x_i)-\text{真值}(x_{\text{真}}) \tag{1-2}$$

当测量值大于真值时，误差为正，表示测定结果偏高；当测量值小于真值时，误差为负，表示测定结果偏低。

真值一般难以获得，通常在消除了系统误差和过失误差的情况下，把有限次测量的算术平均值 $\bar{x}$ 代替真值。

相对误差是绝对误差相当于真值的百分率，可表示为：

$$\text{相对误差}=\frac{\delta_i}{x}\times 100\% \tag{1-3}$$

绝对误差的单位与被测量的物理量单位相同，相对误差无单位，故不同物理量的相对误差可以互相比较，在比较各种被测物理量的精密度或评定测量结果的品质时，采用相对误差更合理。

由于误差可正可负，它表示了单次测量的准确度，要表述整个实验的情况，引入平均误差来表示。

$$\text{平均误差}\ \bar{\delta}=\frac{\sum_{i=1}^{n}|x_i-\bar{x}|}{n}=\frac{1}{n}\sum_{i=1}^{n}|\delta_i| \tag{1-4}$$

$$\text{平均相对误差}=\frac{\bar{\delta}}{\bar{x}}\times 100\% \tag{1-5}$$

(2) 偏差的定义　设在相同的实验条件下对某一物理量 x 进行了等精密度的 n 次独立的测量，测得值分别为 x_1，x_2，x_3，…，x_n，则被测量的算术平均值为：

$$\text{平均值(算术平均值)}\ \bar{x}=\frac{1}{n}\sum_{i=1}^{n}x_i \tag{1-6}$$

偏差是单次测量值与算术平均值之差，可表示为：

$$\text{(绝对)偏差}(d_i)=\text{测量值}(x_i)-\text{均值}(\bar{x}) \tag{1-7}$$

$$\text{平均偏差}\ \bar{d}=\frac{1}{n}\sum_{i=1}^{n}|(x_i-\bar{x})|$$

(3) 准确度与精密度　准确度指测量值与真值接近的程度，用误差来衡量。误差越小，测量结果的准确度越高，反之误差越大，准确度越低。

精密度（或精确度）指几次平行测定结果之间的相互接近程度，用偏差来衡量。偏差越小，测量结果的精密度越高，反之偏差越大，精密度越低。

准确度高精密度一定高，但精密度高准确度不一定高，精密度的高低是比较准确度的前提和必要条件，只有精密度高，才能涉及准确度的高低。

例如，三位实验者在相同的实验条件下测出的三组数据A、B、C有不同的精密度和准确度（如图1-2所示），A组数据精密度高，但准确度差；B组数据离散，精密度和准确度都不好；C组数据精密度高，且接近真值$x_{真}$，故准确度也高。

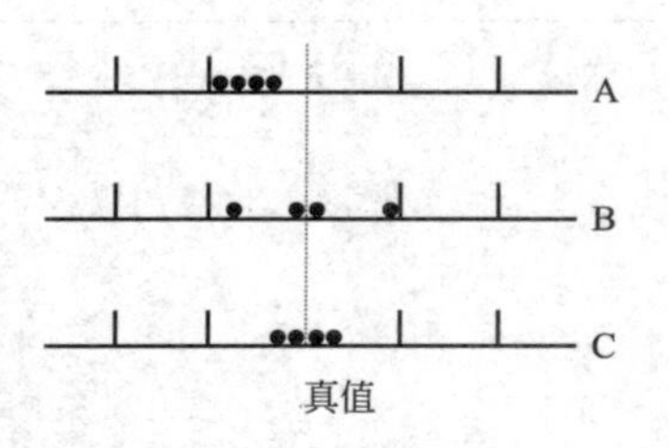

图1-2　精密度与准确度

真值一般是不可知的，通常可以用几种正确的测量方法和经校正过的仪器，进行多次测量，所得物理量的算术平均值或文献手册上的公认值作为真值使用。

标准误差（或均方根误差）σ的定义为：

$$\sigma=\sqrt{\frac{1}{(n-1)}\sum_{i=1}^{n}(x_i-\bar{x})^2}=\sqrt{\frac{1}{(n-1)}\sum_{i=1}^{n}\delta_i^2} \tag{1-8}$$

其中（$n-1$）称为自由度，是独立测定的次数减去在处理这些测量值时所用外加关系条件的数目，当测量次数n有限时，式(1-4)为外加条件。

用标准误差表示精密度比用平均误差或平均相对误差更为优越。用平均误差评定测量精度的优点是计算简单，缺点是可能把质量不高的测量给掩盖了。而用标准误差时，测量误差平方后，较大的误差能更显著地被反映出来，更能说明数据的分散程度。因此，要精确地计算测量误差时，大多采用标准误差。测量结果通常表示为：$x=\bar{x}\pm\sigma$，σ越小，则测量的准确度越高。

（4）可疑观测值的取舍　在对原始数据的处理中，对可疑测量数据进行取舍的一种简便判断方法如下。

根据概率论，大于3σ的误差出现的概率只有0.3%，通常把3σ的数值称为极限误差。当测量次数很多时，若有个别测量数据误差超过3σ，则可舍弃。此判断方法不适用于测量次数不多的实验。对测量次数不多的实验，先略去可疑的测量值，计算测量数据的平均值和平均误差$\bar{\delta}$，再算出可疑值与平均值的偏差d，若$d\geqslant 4\bar{\delta}$（出现这种测量值的概率约0.1%），此可疑值可舍去。

注意：舍弃测量值的数目不能超出测量数据总数的五分之一。在相同条件下测量的数据中，有几个数据相同时，这种数据不能舍去。

（5）间接测量结果的误差——误差传递　物理化学实验进行的测量大多为间接测量，即需将实验测量的数据代入一定的函数关系式进行计算，才能获得需要的结果。显然，计算会将测量误差传递到最终的结果。实验测量数据的准确度会影响最终结果的准确度。

平均误差和相对平均误差的传递

设直接测量的物理量为x和y，其平均误差分别为$\mathrm{d}x$和$\mathrm{d}y$，最终结果为u，其函数关系为：$u=f(x, y)$

u的绝对算术平均误差：　$$\mathrm{d}u=\left(\frac{\partial u}{\partial x}\right)_y\mathrm{d}x+\left(\frac{\partial u}{\partial y}\right)_x\mathrm{d}y$$

u的相对算术平均误差：

$$\frac{\Delta u}{u}=\frac{1}{u}\left(\frac{\partial u}{\partial x}\right)_y |\Delta x|+\frac{1}{u}\left(\frac{\partial u}{\partial y}\right)_x |\Delta y| \tag{1-9}$$

部分函数的平均误差计算公式列于表1-3。

表1-3　部分函数的平均误差计算公式

函数关系	绝对误差	相对误差
$u=x+y$	$\pm(\lvert dx\rvert+\lvert dy\rvert)$	$\pm\left(\frac{\lvert dx\rvert+\lvert dy\rvert}{x+y}\right)$
$u=x-y$	$\pm(\lvert dx\rvert+\lvert dy\rvert)$	$\pm\left(\frac{\lvert dx\rvert+\lvert dy\rvert}{x-y}\right)$
$u=xy$	$\pm(y\lvert dx\rvert+x\lvert dy\rvert)$	$\pm\left(\frac{\lvert dx\rvert}{x}+\frac{\lvert dy\rvert}{y}\right)$
$u=x/y$	$\pm\left(\frac{y\lvert dx\rvert+x\lvert dy\rvert}{y^2}\right)$	$\pm\left(\frac{\lvert dx\rvert}{x}+\frac{\lvert dy\rvert}{y}\right)$
$u=x^n$	$\pm(nx^{n-1}\lvert dx\rvert)$	$\pm\left(n\frac{\lvert dx\rvert}{x}\right)$
$u=\ln x$	$\pm\left(\frac{\lvert dx\rvert}{x}\right)$	$\pm\left(\frac{\lvert dx\rvert}{x\ln x}\right)$

间接测量结果的标准误差计算

设函数关系同上节：$u=f(x, y)$，则标准误差为：

$$\sigma_u=\sqrt{\left(\frac{\partial u}{\partial x}\right)_y^2\sigma_x^2+\left(\frac{\partial u}{\partial y}\right)_x^2\sigma_y^2} \tag{1-10}$$

部分函数的标准误差计算公式列于表1-4。

表1-4　部分函数标准误差计算公式

函数关系	绝对误差	相对误差
$u=x\pm y$	$\pm\sqrt{\sigma_x^2+\sigma_y^2}$	$\pm\left(\frac{1}{\lvert x\pm y\rvert}\sqrt{\sigma_x^2+\sigma_y^2}\right)$
$u=xy$	$\pm\sqrt{y^2\sigma_x^2+x^2\sigma_y^2}$	$\pm\sqrt{\frac{\sigma_x^2}{x^2}+\frac{\sigma_y^2}{y^2}}$
$u=x/y$	$\pm\frac{1}{y}\sqrt{\sigma_x^2+\frac{x^2}{y^2}\sigma_y^2}$	$\pm\sqrt{\frac{\sigma_x^2}{x^2}+\frac{\sigma_y^2}{y^2}}$
$u=x^n$	$\pm nx^{n-1}\sigma_x$	$\pm\frac{n\sigma_x}{x}$
$u=\ln x$	$\pm\frac{\sigma_x}{x}$	$\frac{n\sigma_x}{x\ln x}$

（6）有效数字与测量结果的正确记录　表示测量结果的数值，其位数应与测量精密度一致。如称得某物的质量为1.3235±0.0004g，1.323是完全确定的，末位的5不确定。于是前面4位数字和第五位不确定的数字一道被称为有效数字。记录和计算时，要注意有效数字的位数，如果一个数据未记录其不确定度（即精密度）的范围，严格地说，这个数据含义不清。一般认为最后一位数字的不确定范围为±3。

间接测量的最终结果需运算才能得知，运算过程涉及有效数字位数的确定问题，有效数字位数确定的有关规则如下。

① 有效数字的表示法

a. 误差一般只有一位有效数字，最多不得超过两位。

b. 任何一个测量数据，其有效数字的位数与误差位数一致。例如：记为 1.24±0.01 是正确的，记为 1.241±0.01 或 1.2±0.01，意义就不明确了。

c. 一般采用指数表示法表示有效数字的位数，如：1.234 ± 10^3、1.234 ± 10^{-1}、1.234 ± 10^{-4}、1.234 ± 10^5 都是四位有效数字。而 0.0001234，则表示有 4 位有效数字。在数字 123400 中，无法说明有效数字的位数。采用指数记数法不存在这一问题。

② 有效数字运算规则

a. 用 4 舍 5 入规则舍弃不必要的位数。当数字的首位大于或等于 8 时，可以多算一位有效数字，如 8.31 可在运算中看成是四位有效数字。

b. 加减运算时，各数小数点后所取的位数与其中最少位数者对齐，如：

$$(0.12+12.232+1.458)=(0.12+12.23+1.46)=13.81$$

c. 在乘除运算中，保留各数的有效位数不超过位数最少的有效数字。例如：$(1.576\times0.0182)\div81$，其中 81 有效位数最低，但由于首位是 8，故可看作是三位有效数字，所以其余各数都保留三位有效数字，则上式变为 $(1.58\times0.0182)\div81$，最后结果保留三位有效数字。

对于复杂的运算，先进行加减，然后再乘除，在计算过程中，若考虑四舍五入造成的误差积累可能会影响最终结果，可多保留一位有效数字，但最终结果仍保留适当的有效数字位数。

d. 计算式中的常数如 π、e 或$\sqrt{2}$、一些从手册查出的常数，可按计算需要取有效数字。

e. 对数运算中所取的对数位数（对数首数除外）与测量数据的有效数字位数相同。

f. 在整理最后结果时，须对测量结果的有效数字位数进行处理。表示误差的有效数字最多二位。当误差的第一位数为 8 或 9 时，只需保留一位。测量值的末位数应与误差的末位数对齐。例如：

测量结果　$X_1=1001.77\pm0.033$，$X_2=237.464\pm0.127$，$X_3=124557\pm878$

处理后为　$X_1=1001.77\pm0.03$，$X_2=237.46\pm0.13$，$X_3=(1.246\pm0.009)\times10^5$

表示测量结果的误差时，应指明是平均误差、标准误差还是作者估计的最大误差。

(7) 误差分析应用举例　以苯为溶剂，用凝固点下降法测萘的摩尔质量，计算公式为

$$M_B=\frac{K_f W_B}{W_A(T_f^0-T_f)}$$

式中，A 和 B 分别代表溶剂苯和溶质萘；W_A、W_B、T_f^0 和 T_f 分别为实验直接测量的苯和萘的质量及苯和溶液的凝固点。

根据测量数据计算测萘的摩尔质量时，最终结果的相对误差（$\Delta M/M$），并估计所求摩尔质量的最大误差。已知苯的 $K_f=5.12\text{K}\cdot\text{mol}^{-1}\cdot\text{kg}$。

由误差传递公式有：$\Delta M/M=\pm[\Delta W_A/W_A+\Delta W_B/W_B+(\Delta T_f^0+\Delta T_f)/(T_f^0-T_f)]$

$$=\pm(0.05/20+0.0002/0.15+0.008/0.3)=\pm0.031$$

$$M_B=127,\Delta M_B=127\times0.031=3.9$$

$$M_B=(127\pm4)$$

表 1-5 和表 1-6 给出了测量数据的平均和相对误差。

表 1-5　实验测量的 T_f^0、T_f 和平均误差

实验次数	1	2	3	平　均	平均误差
T_f^0/℃	5.801	5.790	5.802	5.797	±0.005
T_f/℃	5.500	5.504	5.495	5.500	±0.003

$$\Delta T_f^0=(|5.801-5.797|+|5.790-5.797|+|5.802-5.797|)/3=\pm0.005$$

$$\Delta T_f=(|5.500-5.500|+|5.504-5.500|+|5.495-5.500|)/3=\pm0.003$$

从测量结果看，最大误差来源于温差的测量，而温差的测量误差又取决于测温精度和操作技术条件的限制。只有当测量控制精度和仪器精度相符时，才能以仪器的测量精度估计测量的最大误差。上例中贝克曼温度计的读数精度可达±0.002℃，但温差测量的最大误差为0.008℃，故不能直接由贝克曼温度计的测量精度来估计测量的最大误差。

表 1-6　实验测量的 W_A、W_B 和（$T_f^0-T_f$）值及其相对误差

测量值	使用仪器及测量精度	相对误差
$W_A=20.00g$	工业天平±0.05g	$\Delta W_A/W_A=0.05/20=\pm2.5\times10^{-3}$
$W_B=0.1472g$	分析天平±0.002g	$\Delta W_B/W_B=0.0002/0.15=\pm1.3\times10^{-3}$
$T_f^0-T_f=0.297$℃	贝克曼温度计±0002℃	$(\Delta T_f^0+\Delta T_f)/(T_f^0-T_f)=\pm0.027$

$$(\Delta T_f^0+\Delta T_f)=\pm(0.005+0.003)=\pm0.008$$

1.3.3　实验数据的表达方法

物理化学实验数据的表达方法主要有三种：列表法、作图法和数学方程式法。

（1）列表法　在物理化学实验中，多数测量至少包括两个变量，在实验数据中选出自变量和因变量。列表法就是将这一组实验数据的自变量和因变量的各个数值依一定的形式和顺序一一对应列出来。

列表时注意：

① 每一个表开头写出表的序号及表的名称；

② 在表格的每一行中，写出数据的名称及量纲，数据的名称用符号表示，如 p（压力）/Pa；

③ 表中的数值用最简单的形式表示，公共的乘方因子应放在栏头注明；

④ 每行数字要排列整齐，对齐小数点，并注意有效数字的位数。

（2）作图法　用作图法表达物理化学实验数据，能清楚地显示研究变量的变化规律，如极大值、极小值、转折点、周期性、数量的变化速率等重要性质。根据表格数据作出的图形，可以将数据作进一步处理，以获得更多的信息。作图有多种方法，常用的作图方法有以下几种。

① 外推法　一些无法由实验测量结果得到的数据，可用作图外推法获得。外推根据图中曲线的发展趋势，外推至测量范围之外来获得所求的数据（极限值）。如用黏度法测定高聚物的相对分子质量，须用外推法来获得溶液浓度趋于零时的黏度（特性黏度）值。

② 求极值或转折点　函数的极大值、极小值或转折点，在图形上表现得很直观。例如作环己烷-乙醇双液系相图可确定体系的最低恒沸点及恒沸物组成。

③ 求经验方程　若因变量 y 与自变量 x 之间有线性关系，表示 y 与 x 关系的几何图形为一直线，直线的斜率为 m，直线对 y 轴的截距为 b。从直线的斜率和截距可求得 m 和 b 的具体数据，得到经验方程（$y=mx+b$）。

若自变量和因变量有指数函数的关系，用对数转化可得到线性关系。例如化学动力学中的阿仑尼乌斯公式

$$k=A\exp(-E_a/RT)$$

两边取对数 $\ln k=\ln A-E_a/RT$

以 $\ln k$ 对 $1/T$ 作图，从斜率可以求出活化能 E_a，从截距可求出碰撞频率 A。

④ 作切线求函数的微商　实验数据经处理后作图，从图中的曲线可求出曲线上各点表示的函数的微商值。从曲线求函数的微商值的方法是在选定点上作切线，切线的斜率是该点函数的微商值。作切线较准确的方法为镜面法。

⑤ 图解积分法　若图中的因变量是自变量的导数函数，当无法知道该导数函数解析表达式时，通过求图中曲线所包围的面积，可得到因变量的积分值。

(3) 作图方法

① 坐标纸的选择　坐标纸有直角坐标纸、半对数或对数坐标纸和极坐标纸，最常用的坐标纸是直角坐标纸。

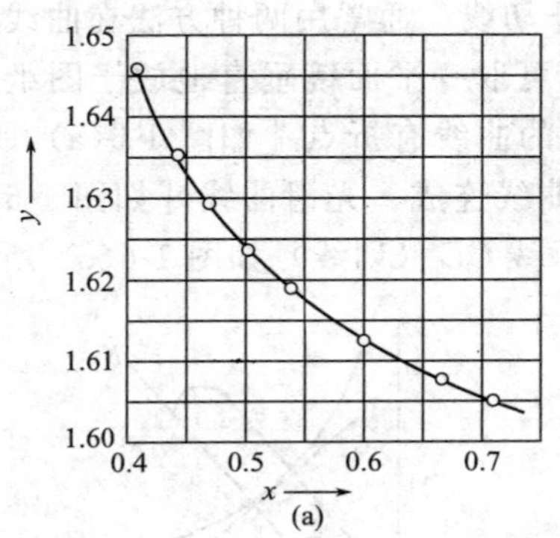

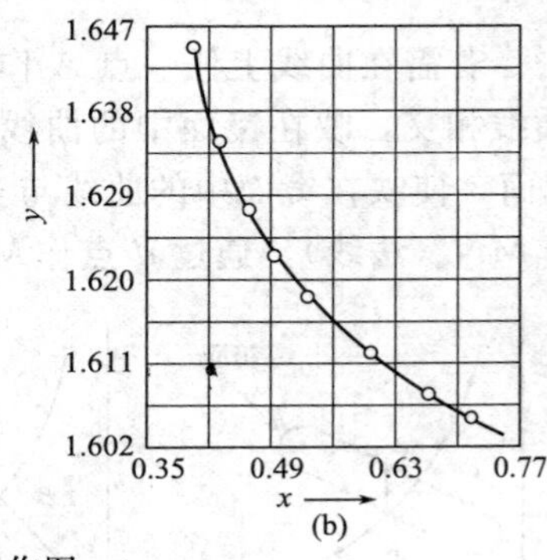

图 1-3　坐标纸作图

② 坐标标尺的选择　坐标纸选定后，按下面的要求适当选择坐标的标尺。

a. 坐标的标尺要能表示出全部有效数字，使图上读出的各物理量的精密度与测量时的精密度一致。

b. 能方便地读出坐标轴上最小单位的数值，一般最小单位代表的变量数值为整数的 1、2、5 倍，不宜选用整数的 3、7、9 倍。无特殊需要时，不必把坐标的原点定为变量的零点，一般坐标的原点从略低于最小测量值的整数开始，使坐标纸被充分利用，图形紧凑美观。

c. 若曲线是直线或接近直线，坐标标尺的选择应使直线与 x 轴的夹角接近 45℃，如图 1-3(a) 及图 1-4(a) 正确，而图 1-3(b) 及图 1-4(b) 不正确。

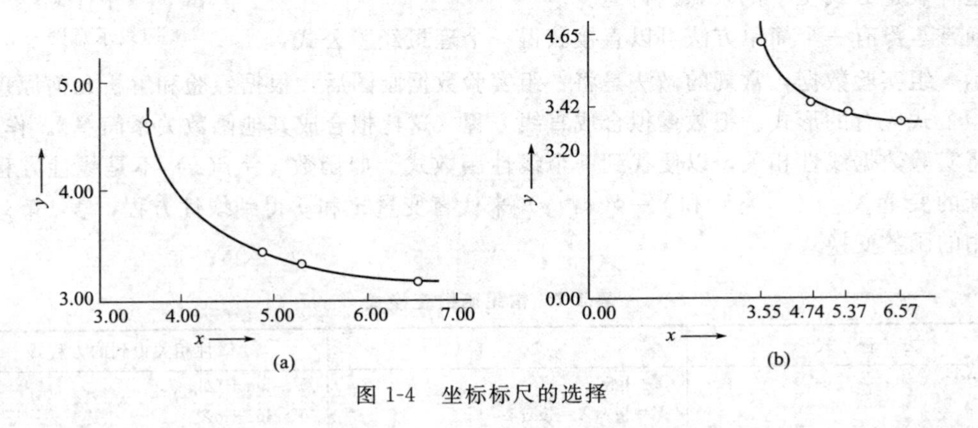

图 1-4　坐标标尺的选择

③ 作代表点　作图时，将数据以点（用 △、×、•、o、⊙等符号表示）的方式明显地

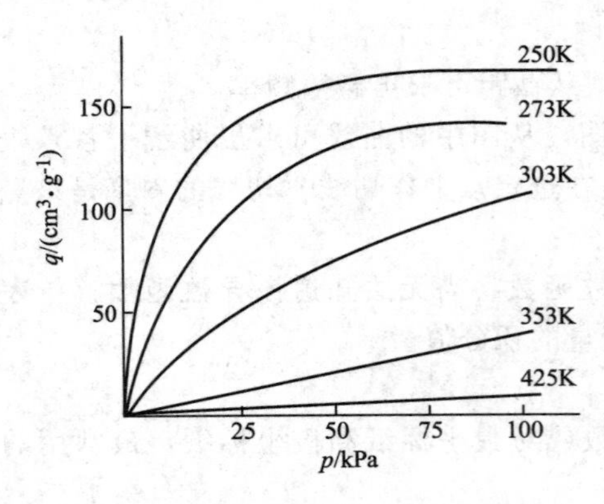

图 1-5　NH_3 在炭上的吸附等温线

描绘在图上（点的大小由误差确定）。将几组测量数据作在同一个图上时，用不同的符号来表示不同组的测量数据，以示区别。

④ 绘曲线　描点后，用曲线板按描线的曲率逐段绘图，得到光滑的曲线。作图时，曲线不必通过所有的点，应使各点均匀地分布在曲线两侧，曲线两旁各点与曲线间的距离，大致相同。

⑤ 图名及图坐标的标注　作好曲线后，写上完整的图名，在图的坐标旁标注各轴代表的物理量及单位。如图 1-5 所示。

⑥ 作切线　通常用两种方法在曲线上作切线。

a. 镜像法。若需在曲线上任一点 A 作切线，可取一平面镜垂直地放于图纸上，使镜面通过 A 点与曲线相交，映在镜面中的曲线与实际的曲线有折点［如图 1-6(a) 所示］，以 A 点为轴调整镜面，使映在镜面中的曲线与实际的曲线连成一光滑曲线［如图 1-6(b) 所示］，沿镜面作直线 MN（法线），通过 d 点作 MN 的垂线 CD（切线）如图 1-6(c) 所示。

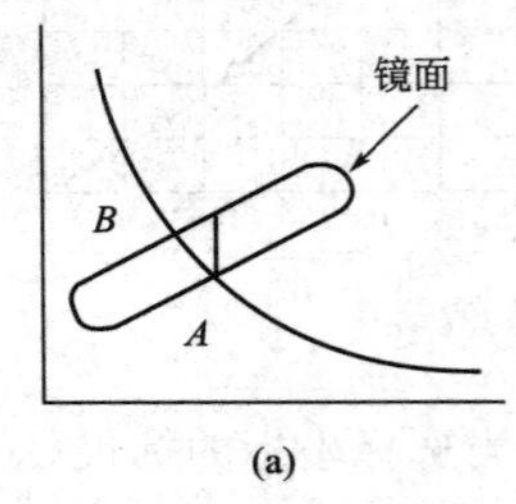

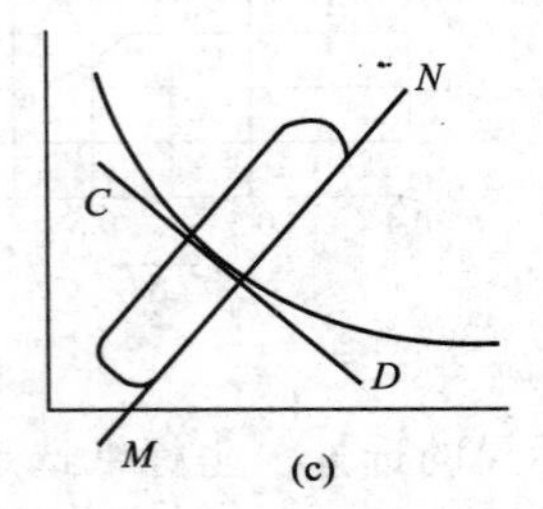

N
C
D
M
(c)

图 1-6　作切线的方法

b. 平行线法。在所选的曲线段上，先作两条平行线 AB 和 CD，再作两线段的中点连线 MN 与曲线相交于 O 点，通过 O 点作与 CD 平行的直线 EF，EF 为曲线在 O 点的切线（图 1-7）。

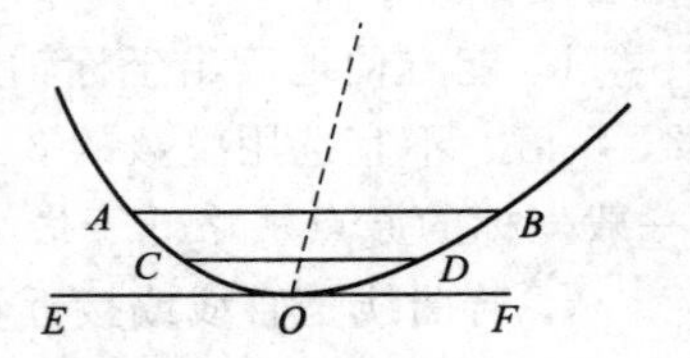

图 1-7　平行线法做切线示意图

(4) 数学方程式法　一组实验数据可用数学经验方程式表示，这种表达方式便于记录和进行运算。

通常，没有一个简单方法可以直接获得一个理想经验公式，来表示一组实验数据，常规的做法是将一组实验数据画图后，根据经验和解析几何原理，猜测经验公式应有的形式。把数据拟合成直线方程（这比拟合成其他函数关系简单）。作图前，设法将实验数据线性相关，以便找到一个线性函数式。如函数 $y=f(x)$ 不是线性方程，可选择新的变量 $X=\psi(x,y)$ 和 $Y=\phi(x,y)$ 来代替变量 x 和 y 得到线性方程，表 1-7 列出几种常用的函数变换式。

表 1-7　常见函数变换式

方程式	变换	线性相关得到的方程式
$y=ae^{bx}$	$Y=\lg y$	$Y=\lg a+(b\lg e)x$
$y=ax^b$	$Y=\lg y, X=\lg x$	$Y=\lg a+bX$
$y=x/(a+bx)$	$Y=x/y$	$Y=a+bx$

方程经线性变换后，可通过确定线性方程中的 A 和 B 值得到方程。求 A 和 B 值的方法有：

① 作图法　在直角坐标纸上，用实验数据作图得一直线，将直线延长与 y 轴相交得截距 A，直线与 x 轴的夹角为 θ，则 $B=\tan\theta$。另外，可在直线两端选两个点［(x_1, y_1) 和 (x_2, y_2)］，求出 A 和 B。

$$Y=A+BX$$

② 平均法　在一组测量中，正负偏差出现的机会相等，所有偏差的代数和为零。

设一方程内含有 n 个常数，用平均法求 n 个常数时，将实验测定的 m 组数据分别代入方程中，得到 m 个含常数 A 和 B 的方程，将联立方程求解，可求出 A 和 B。

如果在一个实验中测量得到 8 组数据如下：

x	1	3	8	10	13	15	17	20
y	3.0	4.0	6.0	7.0	8.0	9.0	10.	11.0

设 y 与 x 的关系可用方程 $y=A+Bx$ 表达，将测量数据代入方程中，得到下列 8 个方程：

$$A+B=3.0 \qquad A+13B=8.0$$
$$A+3B=4.0 \qquad A+15B=9.0$$
$$A+8B=6.0 \qquad A+17B=10.0$$
$$A+10B=7.0 \qquad A+20B=11.0$$

将 8 个方程分为两组，各组相加后得下面的方程组：

$$4A+22B=20.0$$
$$4A+65B=38.0$$

解方程组，求得　$A=2.70$，$B=0.420$

代入原方程得　$y=2.70+0.420x$

③ 最小二乘法　假设所有自变量数据的测量，可忽略误差，当用线性方程式表达实验数据时，要获得偏差平方和最小的 A 和 B 的值，需要建立偏差平方和与测量数据 x 和 y 之间的关系。

令
$$Q=\sum_{i=1}^{n} d_i^2=\sum_{i=1}^{n}(y_i-A-Bx_i)^2$$

偏差平方和最小的条件为：$\left(\frac{\partial Q}{\partial A}\right)_B=0, \left(\frac{\partial Q}{\partial B}\right)_A=0$

$$\left(\frac{\partial Q}{\partial A}\right)_B=-2\sum_{i=1}^{n}(y_i-A-Bx_i)=0$$

$$\sum_{i=1}^{n} y_i-nA-B\sum_{i=1}^{n} x_i=0 \tag{1-11}$$

同理有：
$$\left(\frac{\partial Q}{\partial B}\right)_A=-2\sum_{i=1}^{n} x_i(y_i-A-Bx_i)=0$$

$$\sum_{i=1}^{n} x_i y_i-A\sum_{i=1}^{n} x_i-B\sum_{i=1}^{n} x_i^2=0 \tag{1-12}$$

联立式（1-11）和式（1-12），解得：

$$A=\frac{\sum_{i=1}^{n}x_iy_i\sum_{i=1}^{n}y_i-\sum_{i=1}^{n}y_i\sum_{i=1}^{n}x_i^2}{\left(\sum_{i=1}^{n}x_i\right)-n\sum_{i=1}^{n}x_i^2}$$

$$B=\frac{\sum_{i=1}^{n}x_i\sum_{i=1}^{n}y_i-n\sum_{i=1}^{n}x_iy_i}{\left(\sum_{i=1}^{n}x_i\right)-n\sum_{i=1}^{n}x_i^2}$$

1.3.4　计算机处理物理化学实验数据的方法

前面介绍的物理化学实验数据处理，采用坐标纸手工作图，手工拟合直线，求斜率或截距，手工作曲线和切线，求斜率或截距。这种手工作图的方法不仅费时费力，而且由于各人作图水平的不同，处理结果千差万别，误差较大。随着计算机的普及，这些工作均可以利用计算机完成。物理化学实验数据处理的工具软件很多，下面简单介绍如何用 Origin 软件处理物理化学实验数据。

Origin 是美国 OriginLab 公司（其前身为 Microcal 公司）开发的图形可视化和数据分析软件，是科研人员和工程师常用的高级数据分析和制图工具，是公认的简单易学、操作灵活、功能强大的软件。既可以满足一般用户的制图需要，也可以满足高级用户数据分析、函数拟合的需要。而且使用 Origin 就像使用 Excel 和 Word 那样简单，只需点击鼠标，选择菜单命令就可以完成大部分工作，获得满意的结果，其数据处理和绘图功能比习惯使用的 Excel 要强得多。Origin 的版本目前已出到 9.1，物理化学实验数据处理可以使用汉化的 7.5 版。

Origin 软件数据处理基本功能有：对数据进行函数计算或输入表达式计算，数据排序，选择需要的数据范围，数据统计、分类、计数、关联、t-检验等。Origin 软件图形处理基本功能有：数据点屏蔽、平滑、FFT 滤波、微分与积分、基线校正、水平与垂直转换、多个曲线平均、插值与外推、线性拟合、多项式拟合、指数衰减拟合、指数增长拟合、S 形拟合、Gaussian 拟合、Lorentzian 拟合、多峰拟合、非线性曲线拟合等。Origin 本身提供了几十种二维和三维绘图模板而且允许用户自己定制模板。绘图时，只要选择所需要的模板就行。

物化实验数据处理主要用到 Origin 软件的如下功能：对数据进行函数计算或输入表达式计算、数据点屏蔽、线性拟合、插值与外推、多项式拟合、非线性曲线拟合和微分等。

对数据进行函数计算或输入表达式计算的操作如下：在工作表中输入实验数据，右击需要计算的数据行顶部，从快捷菜单中选择 Set Column Values，在文本框中输入需要的函数、公式和参数，点击 OK，即刷新该行的值。

Origin 可以屏蔽单个数据或一定范围的数据，用以去除不需要的数据。屏蔽图形中的数据点操作如下：打开 View 菜单中 Toolbars，选择 Mask，然后点击 Close。点击工具条上 Mask Point Toggle 图标，双击图形中需要屏蔽的数据点，数据点变为红色，即被屏蔽。点击工具条上 Hide/Show Mask Points 图标，隐藏屏蔽数据点。

线性拟合的操作：汇出散点图，选择 Analysis 菜单中的 Fit Linear 或 Tools 菜单中的 Linear Fit，即可对该图形进行线性拟合。结果记录中显示：拟合直线的公式、斜率和截距的值及其误差，相关系数和标准偏差等数据。

插值与外推的操作：线性拟合后，在图形状态下选择 Analysis 菜单中的 Interpolate/Extrapolate，在对话框中输入最大 X 值和最小 X 值及直线的点数，即可对直线插值和外推。

Origin 提供了多种非线性曲线拟合方式。①在 Analysis 菜单中提供了如下拟合函数：多项式拟合、指数衰减拟合、指数增长拟合、S 形拟合、Gaussian 拟合、Lorentzian 拟合和多峰拟合；在 Tools 菜单中提供了多项式拟合和 S 形拟合。②Analysis 菜单中的 Non-linearCurve Fit 选项提供了许多拟合函数的公式和图形。③ Analysis 菜单中的 Non-linear Curve Fit 选项可让用户自定义函数。

多项式拟合适用于多种曲线，且方便易行，操作如下：对数据作散点图，选择 Analysis 菜单中的 Fit Polynomial 或 Tools 菜单中的 Polynomial Fit，打开多项式拟合对话框，设定多项式的级数、拟合曲线的点数、拟合曲线中 X 的范围，点击 OK 或 Fit 即可完成多项式拟合。结果记录中显示：拟合的多项式公式、参数的值及其误差，R^2（相关系数的平方）、SD（标准偏差）、N（曲线数据的点数）、P 值（$R^2=0$ 的概率）等。

微分即对曲线求导，在需要作切线时用到。可对曲线拟合后，对拟合的函数手工求导，或用 Origin 对曲线差分，操作如下：选择需要差分的曲线，点击 Analysis 菜单中 Calculus/Differentiate，即可对该曲线微分。这个功能在“表面张力测定”中应用 Gibbs 吸附公式计算吸附量十分有用。

另外，Origin 可打开 Excel 工作簿，调用其中的数据进行作图、处理和分析。Origin 中的数据表、图形以及结果记录可复制到 Word 文档中，并进行编辑处理。

以“旋光法测定蔗糖转化反应的速率常数”为例，下面是实验数据。

α_∞：−3.028

t/min	2	3	4	5	6	7	8	9	10	11	12	13
α/°	9.640	8.860	8.224	7.668	7.124	6.608	6.100	5.640	5.200	4.770	4.364	3.980
t/min	14	15	17	19	21	23	25	27	29	31	33	35
α/°	3.606	3.250	2.590	1.988	1.444	0.954	0.512	0.124	−0.314	−0.548	−0.770	−1.100

① 输入数据　启动 Origin，自动弹出名为 Data1 的工作量，将表格中的 t-α 数据导入 Origin 数据表的 A 列（通常 A 列作为 x 轴）和 B 列，也可以用 Excel 导入，见图 1-8。

② 绘图　选择数据（变黑），选择“绘图”菜单，再选择二级菜单“散点”，即出现 α-t 图，由于坐标省略值不合适，图显示不完全，这时双击坐标轴，重新设定，见图 1-9。

③ 拟合　单击“工具”菜单中的“多项式拟合”在弹出的对话框中单击“拟合”，即可得到旋光度-时间关系图。

求速率常数，是在 α-t 图上读取 8 组（t，α）数据。

① 双击曲线，弹出“绘图详细”，选择“工作表”，导出多项式拟合的数据，从中选出 8 个数据，建立新工作表 Data2。

② 在 Data2 中点击“列”，“增加新列”C。点击 C 列，在“设置列值”子菜单“增加函数”选择 ln ()，在“增加列”选择 col(B)，编辑公式：ln[col(B)+3.028]。

③ 将 Data2 的数据按前面方式绘图，做线性拟合可得一直线，直线拟合公式 $y=2.636-0.0530x$，相关系数 $R=0.99997$。直线斜率 $m=-k$，k 为速率常数等于 0.0523min^{-1}，见图 1-10。

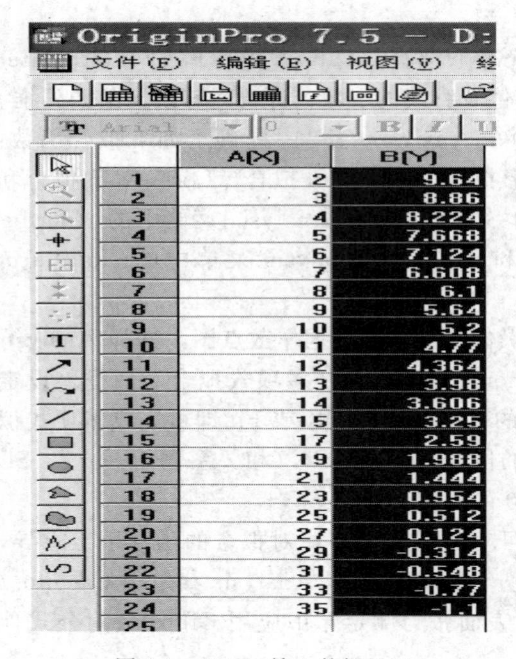

	A[X]	B[Y]
1	2	9.64
2	3	8.86
3	4	8.224
4	5	7.668
5	6	7.124
6	7	6.608
7	8	6.1
8	9	5.64
9	10	5.2
10	11	4.77
11	12	4.364
12	13	3.98
13	14	3.606
14	15	3.25
15	17	2.59
16	19	1.988
17	21	1.444
18	23	0.954
19	25	0.512
20	27	0.124
21	29	-0.314
22	31	-0.548
23	33	-0.77
24	35	-1.1
25		

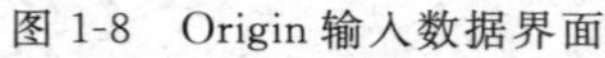
图 1-8　Origin 输入数据界面

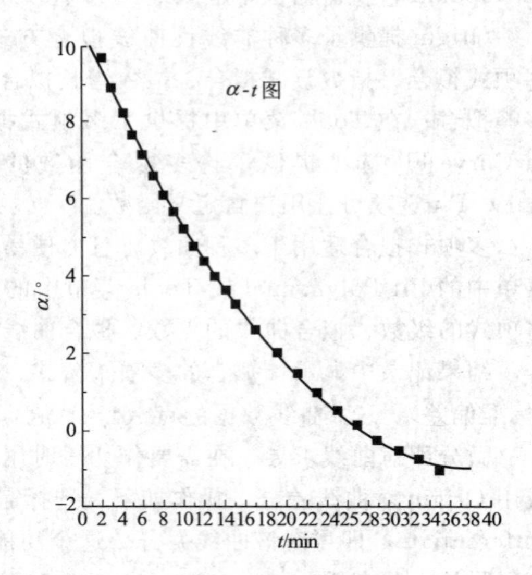

图 1-9　散点绘图

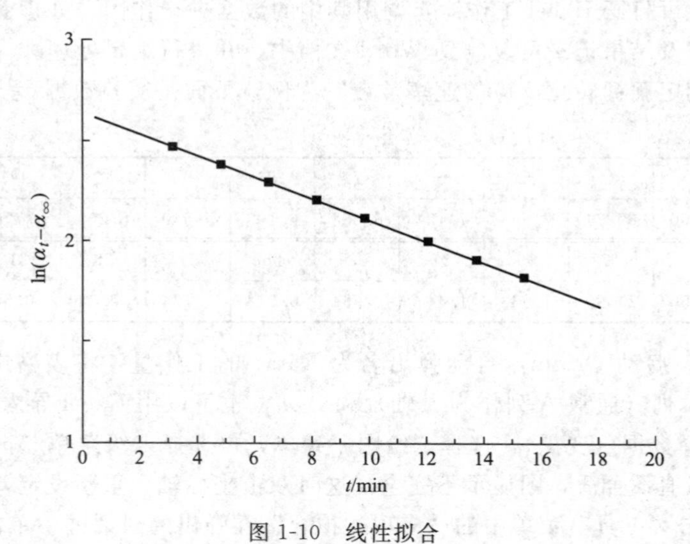

图 1-10　线性拟合

关于 Origin 软件的其他更详细的用法，可参照 Origin 用户手册及相关参考资料。

第2章　基础物理化学实验技术

2.1　温度的测量与控制

物理过程、化学反应和生物过程热效应的测量有重要的实际应用价值。热效应的测量一般通过温度的测量来实现。温度是表述物质体系的一个基本参量，是表征物体冷热程度的物理量，同时也反映了体系中物质内部大量分子、原子平均动能的大小。不同温度的物体相接触，能量必然以热量的形式从高温物体传到低温物体，直至两物体温度相同。温度的测量以此为基础。温度的测量值与温标的选定有关。

2.1.1　温标

温标是温度量值的表示方法。确立一种温标，需要具备以下三条。

(1) 选择测温仪器　选择一个标准物，它的某种物理性质（如体积、电阻、温差电势、蒸气压力及辐射电磁波的波长等）与温度有可严格重现的单值函数关系。符合这一要求的物质原则上都可作为测温物质，利用它们的特性可以设计成各类测温仪器（温度计）。每种温标都有特定的温度计。

(2) 确定基准点　温度计通过测温物的某种物理性质来显示温度的相对变化，其绝对值要用其他方法来标定。通常选用某些高纯物质的相平衡温度（如凝固点、沸点等）作为温标的基准点。

(3) 划分温度值　将基准点之间划分为若干度。如摄氏温度规定标准压力下水的冰点和沸点为基准点，在这两点之间，将温度计划分100个等分，每等分为1℃。用外推法或内插法求得其他温度。

选择不同的温度计、不同的基准点以及在基准点间划分不同的分度，就产生不同的温标。最常用的温标有热力学温标、国际温标、摄氏温标和华氏温标四种。

① 热力学温标　热力学温标又称开尔文温标，是建立在卡诺循环基础上，与测温物性质无关的一种理想的科学的温标。对于卡诺循环，若规定一个固定的温度 T_1，另一个温度 T_2 可按下式求出：

$$T_2=\frac{|Q_2|}{|Q_1|}\cdot T_1$$

因为卡诺循环建立在纯理论基础上，热力学温标是一个纯理论温标。需要寻找一个可以使用的温标来实现。理想气体在定容下的压力（或定压下的体积）与开尔文温度呈严格的线性函数关系，因此选定气体温度计来实现热力学温标。氦、氢和氮气等气体，在温度较高、压力较低的条件下，其行为接近于理想气体。所以这种气体温度计的读数可校正成热力学温度。原则上，其他的温度计也可以用气体温度计来标定，使温度计校正的读数与热力学温标一致。

热力学温标是用单一固定点来确定的。定义纯水的三相点的热力学温度为273.16K，水的三相点到绝对零度之间的 1/273.16 为热力学温标的 1K。热力学温度的符号为 T，单位符号为 K。水的三相点为 273.16K。

② 国际温标　由于气体温度计装置十分复杂，使用不方便。为了更好地统一国际间的温度量值，1927 年第七届国际计量大会通过了国际温标。国际温标是热力学温标的具体体现，尽可能接近热力学温标。随着科学技术的发展，工业生产上的需要，国际温标不断修订。现在采用的是 1990 年国际温标（ITS—90），其所定义的固定温度如表 2-1。

表 2-1　1990 年国际温标（ITS—90）的定义固定点

T_{90}/K	物质	固定点状态	T_{90}/K	物质	固定点状态
3～5	He	V	302.9146	Ga	M
13.8033	e-H_2	T	429.7485	In	F
≈17	e-H_2(或 He)	V(或 G)	505.78	Sn	F
≈20.3	e-H_2	V	692.677	Zn	F
24.5561	Ne	T	933.473	Al	F
54.3584	O_2	T	1234.93	Ag	F
83.8058	Ar	T	1337.33	Au	F
234.3156	Hg	T	1357.77	Cu	F
273.16	H_2O	T			

注：1. 除 ^{3}He 外，其他均为天然同位素成分。

2. e-H_2 为正、仲分子态处于平衡浓度时的氢。

3. 13.8033K 到 1234.93K 的标准仪器是铂电阻温度计。

4. V 为蒸气压点；T 为三相点（固、液、气三相平衡温度）；G 为气体温度计点；M、F 为熔化、凝固温度（在 101325Pa 下，固、液相的平衡温度）。

国际温标规定，从低温到高温分为四个温区，各温区分别选用一个高度稳定的标准温度计来测量各固定点之间的温度值。这几个温区及相应的标准温度计见表 2-2。

表 2-2　标准温度计测温范围

温度范围/K	标准温度计	温度范围/K	标准温度计
13.81～273.16	铂电阻温度计	903.89～1337.58	铂铑(10%)-铂热温度计
273.16～903.89	铂电阻温度计	>1337.58	光学高温温度计

③ 摄氏温标　摄氏温标又称经验温标，以水银-玻璃温度计来测定水的相变点。规定标准压力（101325Pa）下，水的冰点为零度（0℃），沸点为 100 度（100℃），在这两个点间划分 100 等分，每等分为 1℃。符号为 t，单位为℃。摄氏温标与热力学温标（T）的换算关系为：$T(\mathrm{K})=t(℃)+273.16$

④ 华氏温标　华氏温标也是一种经验温标，以水银-玻璃温度计来测定水的相变点。规定标准压力下水的冰点为 32 度（32℉），沸点为 212 度（212℉），在这两点间划分 180 等分，每等分 1 度（1℉）。摄氏温标（℃）和华氏温标（℉）的换算关系为：

$$℃=\frac{5}{9}(℉-32)$$

2.1.2　温度计

（1）温度计的分类　根据测温物质具有某些与温度密切相关且能严格复现的物理性质，利用这些特性可设计并制成各类测温仪器（温度计）。温度计种类繁多，型号多样。按测温的物理特性或测温方式可分为接触式和非接触式温度计。

① 接触式温度计　根据体积、热电势、电阻等与温度的函数关系测温的温度计，测量时必须将温度计触及被测体系，使温度计与被测体系达成热平衡，两者温度相等，再将测温物理特性与温度关系换算成温度值。如水银玻璃温度计是根据液态水银的体积直接在玻璃管上标出了温度值。

② 非接触式温度计　利用电磁辐射波长分布或强度变化与温度间的函数关系测温的温度计，如全辐射光学高温计、灯丝高温计和红外光温度计等。这类温度计的特点是不干扰被测体系，无滞后现象，但测温精度较差。

按用途分有测量温度和测量温差两类。常用温度计及其特性列于表 2-3。

表 2-3　常用温度计

类型	使用范围/℃	分辨率/℃	使用要求	特　点
液体玻璃温度计			恒温、恒压	简便、价廉、响应慢、易损坏，误差来源较多
水银	−30～+360	≥10^{-2}		
水银（充气）	−30～+600	≥10^{-1}		准确度较差
酒精	−110～+50	10^{-1}		线形较差
戊烷	−190～+20	10^{-1}		
贝克曼	5	10^{-3}		专作温差测量用
热电偶温度计		≥10^{-3}	毫伏计或电桥，冷端温度	体积小，操作简单，测量误差小，制作再现性差，接点及材料的非均一性可引起额外电位
铜-考铜	−250～+300			热电势较大，>300℃易被氧化，经常要标定
镍铬-镍硅	−200～+1100			在 1300℃短时间使用
铂铑-铂	−200～+1500	10^{-2}		价高，热电势小，稳定性和重现性好，在 1700℃短时间使用，不能在还原气氛中使用
电阻温度计			稳定电源，电势测量	响应快
铂	−260～+1100	10^{-4}		灵敏、准确度高，适宜精密温度测量与控制，建置费用高
碳	−271～−250	10^{-4}		在−250℃时灵敏度较差
锗	−271～−240	10^{-4}		在−250℃以下灵敏度优于碳
热敏电阻	0～>100			灵敏、体积小、响应速度快、适宜测量温度小的温差和温度控制、非线性标定、稳定性差
气体温度计		10^{-2}	恒容或恒压	线性佳、量程宽、体积大、响应慢，用于标定
He	−269～0			
H_2	0～+110			
N_2	110～1550			
蒸气压温度计	−272～−173	10^{-2}	气压计	灵敏、简便、量程很小
辐射高温计				非接触、不干扰被测体系、与被测物体表面辐射有关，需标定
灯丝式	>700～2000	10^{0}		准确度±5℃，标定困难，操作繁琐
全辐射式	>700～2000	10^{0}		坚固，直接读数
光电式	150～1600	10^{-2}		灵敏、快速可变换为电参量输出

（2）温度计的使用方法及校正

① 水银温度计　水银温度计的测温物质是液态水银，它利用汞的热膨胀系数在所使用的温度范围内比较恒定、汞不沾玻璃管壁的性质测温。根据汞的体积可以直接读出温度值。

水银温度计使用方便、准确度高、价格低廉，故应用广泛。但其测量的可靠性受诸多因素影响。水银温度计的种类按量程范围和测量精度的不同来划分，如表 2-4 所示。大部分水银温度计为“全浸式”，使用时将温度计完全置于被测体系中，实际使用时做不到这一点，在精确测量中必须加以校正，具体步骤如下。

表 2-4　水银温度计种类

刻　度	量　程	用途及其他
以 1℃为间隔	0～100、0～250、0～360℃等	
以 0.1℃为间隔	50℃	由多支温度计配套组成,范围为－10～400℃
0.01 或 0.02℃	10 或 15℃	量热计或精密控温设备的测温部件,用于室温
	600 或 750℃	充气,测高温
0.01℃	5～6℃	测温上限和下限可调,用于温差的精密测量
		可测－69℃的低温,水银＋8.5%的铊

a. 零点校正。玻璃属于一种过冷凝聚态，体积会随使用时间发生变化。导致温度读数与真实值不符，因此需要进行零点校正。零点校正可用温度计与标准温度计进行比较，也可以用纯物质的相变点标定校正。冰-水体系（冰点仪）常用于温度计的零点校正。最简单的冰点仪如图 2-1 所示。由大漏斗下接橡皮管，再加上一个止水夹做成。漏斗内装碎冰粒和蒸馏水，水面稍低于冰面，将已预冷的温度计垂直插入冰点仪中，零点标线露出冰面不超过 5mm（温度计插入后，不得任意提起，以免底部形成孔隙）。待 10～15min 后，每隔 1～2min 读取一次，至读数稳定。取连续三次读数的平均值作为冰点测定值。

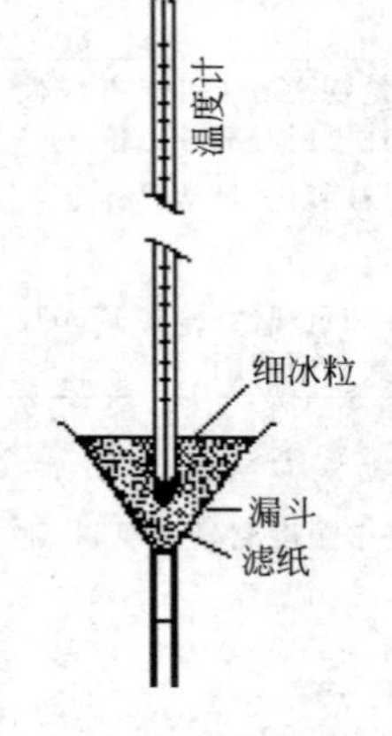

图 2-1　冰点仪

b. 示值校正。温度计按固定点（水的冰点及沸点）将毛细管等刻度划分。毛细管不均匀、水银不纯及玻璃的膨胀系数不是严格的线性关系等因素，会使温度读数有误差。对于标准温度计和精密温度计，可由厂家或国家计量管理机构进行校正，给予附有 5℃或 10℃校正值的检定证书。没有检定证书的温度计，把它与另一支同量程的标准温度计一同置于恒温槽中，使露出度数相同，比较它们的读数，得出校正值。没有检定的温度示值由相邻两个检定点的校正值线性内插。

c. 露茎校正。测温时，汞球浸入被测体系，温度计杆露出体系外，温度计读数的准确性受到影响，露出部分的汞及玻璃管与浸入部分的膨胀情况不同，必然会存在读数误差。在精密测温时，对露出部分进行露茎校正，校正公式为：

$$\Delta t=1.6\times10^{-4}h(t_{观测}-t_{环境})$$

式中，1.6×10^{-4} 为汞对玻璃的相对膨胀系数；h 为露出部分的水银柱长度；$t_{观测}$ 为测量温度计的读数，$t_{环境}$ 为露出汞柱的平均温度，可由辅助温度计测定。测定时该辅助温度计水银球应位于测量温度计露茎中部。

$$校正后的温度\ t_{校}=t_{观测}+\Delta t$$

另外，环境压力、温度计内部压力、延迟作用等也会造成温度计的误差，这些因素的校正可参阅有关温度测量专著。

② 贝克曼温度计　贝克曼温度计不能测出温度的绝对值，但能精密地测出温差值，故适用于量热实验以及需要测量微小温差的场合（如溶液凝固点下降、沸点上升等）。贝克曼温度计构造见图 2-2。在温度计上部有一毛细管，其上端装有一个贮汞管 R，水银球与贮汞

管R由均匀毛细管C相连，管中除汞外是真空。借助贮汞槽可调节水银球B的汞量，测量范围$-20\sim155$℃，被测系统的温差为5～6℃，刻度尺上的刻度只有5度，每度100等分，可以估读到0.002℃。通过贮汞管调节水银球中的汞量，可在不同的温度区间测量温度差值。调节贝克曼温度计的常用方法为恒温水浴调节法。具体操作步骤如下。

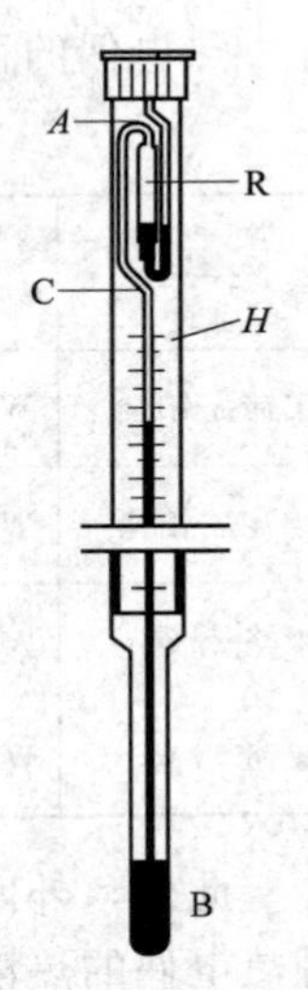

图2-2　贝克曼温度计

a. 确定所测温度的范围，如测水溶液的冰点降低要求读出$-5\sim1$℃之间的温度读数；测水溶液的沸点升高要求读出99～105℃之间的温度读数；至于燃烧热的测定，则室温时水银柱读值在2～3℃之间的温度最为适宜。

b. 根据测温范围，估计水银柱升至毛细管末端A处的温度值。一般的贝克曼温度计从刻度最高处H升至A处，大约需提高2℃左右。如测定水溶液的冰点下降值时，最高温度读数即H点应调节至1℃，A点的读数相当于3℃。

c. 将贝克曼温度计浸入比上述估计的A点温度稍高的恒温浴中，使毛细管C内的水银升到A点，并在球形口处形成滴状，倒置（水银球向上），毛细管C的汞与贮汞管R里的汞连接起来。

d. 将温度计慢慢地转正过来（注意勿使汞从A处断开），然后置于另一已恒温至前述A点的恒温浴中，恒温5min以上。水银球B和贮汞管R的汞量由A点的温度自动调节。

e. 取出温度计，右手紧握中部，使它垂直，水银球向下，左手轻击右手小臂使水银柱在A处断开。当温度计从恒温槽中取出时，由于存在温差，毛细管中的汞会迅速变化，因此这一步要迅速，但不能慌乱。

f. 将调节好的贝克曼温度计置于欲测温度的恒温浴中，观察读数值，估计量程是否合适。如在冰点降低实验中，用0℃的冰水浴检验。温度值落在3～5℃范围内，符合实验要求。否则，按上述步骤重调。

使用贝克曼温度计应注意以下几点。

(a) 贝克曼温度计由薄玻璃制成，易受损坏，不能随意放置，只能安装在使用的仪器上，或者放在温度计盒中，或者握在手中。

(b) 调节时，不要让它剧热或骤冷，同时避免重击。

(c) 调节好的温度计防止毛细管C中水银柱重新与贮汞管R中的水银相连。

(d) 使用夹子固定温度计时，须垫有橡胶，不能用铁夹直接夹温度计。

③ 热电偶温度计　将两种金属导线A和B构成一闭合回路，若两个连接点的温度不同，就会产生一个与两连接点温差有关的电势（温差电势）。这一对金属导体称为热电偶。实验表明，温差电势与两连接点的温差之间存在函数关系。若保持一个连接点（冷端）的温度不变，则温差电势只与另一个接点（热端）的温度有关[$E=f(T)$]，与导线的长度、粗细及导线本身的温度分布无关。冷端一般置于冰水保温瓶中，或直接置于室温环境下。改变热端温度，测其对应的E值，作E-T曲线。使用时将热电偶的热端置于待测体系中，测出温差电势值，从E-T曲线上可查出相应的温度值。温差电势的测定常用电位差计、数字电压表或直流毫伏表等。

热电偶作测温元件的优点是灵敏度高，一般精度可达0.01℃。若将多个热电偶串联组成热电堆，其温差电势是单个热电偶电势的加和，灵敏度可达0.0001℃。此外，其测温重现性好，量程宽，易实现远距离测温、自动记录和自动控制，因此得到了广泛的应用。

热电偶的种类较多，表 2-5 列出几种国产商品热电偶的主要性能和技术指标。

表 2-5　几种国产商品热电偶的主要性能和技术指标

类别	型号	分度号	使用温度/℃		允许偏差温度范围/℃	偏差/℃	特　点
			长期	短期			
铂铑$_{10}$-铂	WRLB	LB-3	1300	1600	0～600 >600	±2.4 ±0.4%t	灵敏度低，适宜氧化和惰性气氛
铂铑$_{30}$-铂铑	WRLL	LL-2	1600	1800	0～600 >600	±3 ±0.5%t	适宜氧化和惰性气氛
镍铬-镍硅	WREU	EU-2	1000	1300	0～400 >600	±4 ±0.75%t	线性好，价廉，适宜氧化气氛和中性介质
镍铬-考铜	WREA	EA-2	600	800	0～400 >600	±4 ±1%t	抗氧化性好，热电动势率大

此外，外面套有耐酸不锈钢管，内部用熔融氧化镁绝缘的铠装型热电偶已日益普及。这种热电偶的热惰性小、反响快，套管材料经过退火处理，可以任意弯曲。耐压、耐强烈振动和冲击，使用寿命长。

热电偶的制作：热电偶选用两根材质不同的金属丝焊接而成。铜-康铜熔点较低，可蘸以松香或其他非腐蚀性焊药在煤气焰中熔接。其他几种热电偶熔点高，需在氧焰或电弧中熔接。焊接时，先清除两根金属丝端部的氧化层，用尖嘴钳将两根金属丝末端的一小段拧在一起，在煤气灯上加热至 200～300℃，沾上硼砂，再加热，使硼砂均匀地覆盖住绞合头，并熔成小珠状，以防下一步高温焊接时热电偶丝被氧化，再用氧焰或电弧使两金属熔接在一起，然后缓慢退火处理。用其他绝缘套管（如双孔瓷管、石英管或玻璃管等）隔开。

热电偶的使用：为了避免热电偶受被测介质侵蚀及便于安装，热电偶使用保护管。保护管材料根据测温体系的情况选择石英、刚玉或耐火陶瓷等。低于 600℃时可用硬质玻璃管。为了提高测温和控温的响应速度，短期使用时，也可以不用保护管。但要经常校正，以保证测量结果的可靠性。

热电偶的温差电势与温度关系的分度表，是在冷端温度恒定 0℃时得到的。因此，使用时应保持这个条件。若使用时冷端不是 0℃而是另一恒定温度（如室温），可用下式校正热电势：$E(T,0)=E(T,T_0)+E(T_0,0)$

将所测热电势 $E(T, T_0)$ 加上 0℃到 T_0 的热电势 $E(T_0, 0)$ 得到 $E(T, 0)$，再查分度表就得到所测的实际温度。

温度的测量：要使热端温度与被测介质温度完全一致，首先要有良好的热接触，使二者很快建立热平衡；其次热端不能向外界传递热量。若被测体系温度分布不均时，要用多支热电偶测定各区域的温度。

热电偶的标定和校正：电偶温差电势 E 与温度 T 之间关系的标定采用实验方法，列表或以 E-T 曲线的形式表示。标定时，冷端采用水的冰点，选取表 2-1 中 IRS—90 定义的固定点中部分纯物质相变点温度的温差电势进行标定。标定时要保证热电偶处于平衡状态。标定后的热电偶称为标准热电偶。

若有条件，工作热电偶可用固定点校正。但通常是将它和标准热电偶一起放在某一恒温介质中（如管式炉中），逐点改变介质的温度，测定一系列恒温温度下的温差电势。作温差电势 E-T 的工作曲线。

商品型热电偶的材料和制作工艺是统一的，可统一给出 E-T 换算表，测温精度不太高时，可直接查表得温度值，不必校正。

④ 电阻温度计　电阻温度计利用测温材料（金属或半导体）的电阻随温度变化的特性测温。它们与热电偶一样用于温度的电量转换。制备电阻温度计常用的金属为 Pt、Cu 和 Ni。它们的电阻具有正的温度系数，测温范围宽，重现性好。其中，铂熔点高、易提纯，在氧化介质中稳定，热容小，对温度变化响应很快，重现性好，作为 13.81～903.89K（−259.34～630.74℃）的标准温度计。电阻温度计在低温和中温区的测温性能优于热电偶。表 2-6 给出了常用的金属电阻温度计的主要技术参数。

表 2-6　常用金属电阻温度计的主要技术参数

类型	型号	分度号	0℃电阻值 R_0 允差	R_{100}/R_0	长期使用温度/℃	分度表允差 Δt/℃	
铂热	WZB	BA_1(Pt-46)	46±0.046	1.391±0.001	−200～500	−200～0	0～500
		BA_2(Pt-100)	100±0.1			±(0.3+6×10^{-3}|t|)	±(0.3+4.5×10^{-3}|t|)
铜热	WZG	G	53±0.053	1.425±0.002	−50～150	±(0.3+6×10^{-3}|t|)	

注：|t|为测得的摄氏温度绝对值。

热敏电阻由 Fe、Ni、Mn、Mo、Ti、Mg 和 Cu 等金属氧化物为原料熔结而成的半导体。可以做成各种形状，常用的是珠状。半导体小珠被一层玻璃膜所保护，由两根细导线引出，再套上玻璃保护管。其优点是温度系数大，约为−3%～6%。例如从 20℃升到 21℃，对电阻值为 200011 的热敏电阻，电阻约下降 100Ω，而 25Ω 的铂电阻，其电阻只增加 0.1Ω。故热敏电阻测温的灵敏度高（可达 0.001℃）。热敏电阻的阻值大，导线和接点所引起的电阻变化可以忽略，从而简化测量技术。此外，它还具有构造简单、体积小、热惰性小、反应迅速等优点。故在量热、测定溶液冰点降低和沸点升高等方面有取代贝克曼温度计的趋势。

热敏电阻温度计的主要缺点为稳定性较差、产品制造误差大、互换性差等，所以它不宜用于温度值测量，常用于温差测量或温度控制元件。使用热敏电阻温度计时应设法使通过热敏电阻的电流小，以免温度计产生自热，使电阻本身温度高于被测介质。采取辅助措施强化传热可避免电阻发热；热敏电阻对强光、压力变化、振动等敏感，使用时将热敏电阻封闭牢固；电阻和温度不是稳定的线性关系，需经常校正。

由于热敏电阻的阻值随温度变化不是线性的，因而测温电桥的灵敏度（温度变化 1℃，电桥不平衡输出电流或电压的变化）将随温度而变。为了克服这一缺点，Pitts 根据测温桥路分析，设计了恒灵敏度电桥，它能在温差 15℃范围内保持灵敏度不变。其桥路如图 2-3 所示。随被测介质温度的升高，热敏电阻阻值减小，其电阻随温度的变化率也减小，电桥灵敏度下降。为补偿灵敏度下降，可增大电源电压以提高电桥灵敏度。从图 2-3 看出，在电桥其他三个臂的电阻不变的条件下，当热敏电阻 R 减小时，为维持电桥平衡，调节电位器 A 使 R 一方的电阻增加，相应地减小了与电源串联的电阻，提高了电源电压，起到了补偿的作用。

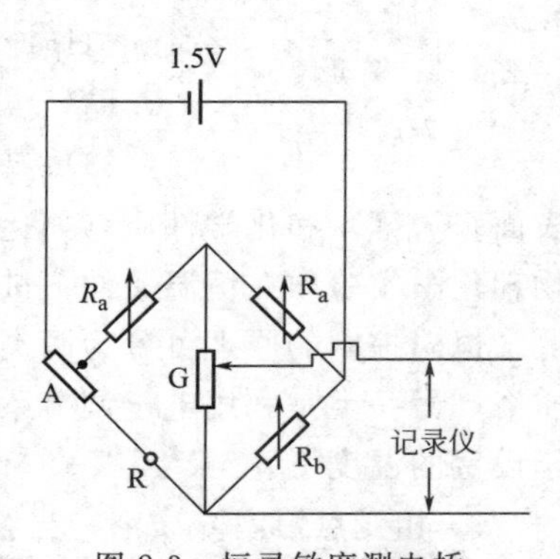

图 2-3　恒灵敏度测电桥

为有效地达到补偿目的，按热敏电阻的温度特性，选择电桥的其他三个电阻的步骤为：a. 用标准温度计，在使用温度范围内定若干点，测出热敏电阻与温度的关系，按 $R=ae^{b/T}$

确定常数 a 与 b；b. 据被测介质的最低和最高温度，适当调节测温上限（T_2）和下限（T_1），与测温限 T_2 和 T_1 对应的热敏电阻阻值分别为 R_2 和 R_1，电位器 A 的阻值为：$A=R-R_2$；c. 选择 $R_b=R_1$；d. 用公式$\frac{1}{R_a}=\frac{2}{(R_1-R_2)}\times\left[\frac{R_1}{R_2}\left(\frac{T_2}{T_1}\right)^2-1\right]-\frac{1}{R_1}$算出 R_a 值。

电桥的灵敏度：$dI_G/dT=bVR_2/2R_1T_2^2(2G+R_a+R_1)$

式中，dI_G/dT 指温度变化 1℃时，检流计电流 I_G 的变化量；b 为 $R=ae^{b/T}$ 的常数；V 是电源电压；G 为检流计内阻。使用记录仪时可接 1kΩ 的电位器，电压输出灵敏度为 $dI_G\times G/dT$，V·K，由 G 的分压来调整。该灵敏度与电源电压有关，因此应保持电源电压恒定，否则要重新确定灵敏度。

使用热敏电阻测量温差时，常与不平衡电桥及自动平衡记录仪（电子电位差计）联用。记录温差时，根据事先作好的关系曲线将电位器调到被测介质相应的温度，然后按所测温差的大小和变化方向调节记录仪量程和记录笔的位置。从记录曲线的峰高和电桥灵敏度可算出温差值。

⑤ 压力式温度计　压力式温度计利用密闭系统内的气体、液体或饱和蒸气的压力与温度呈线性函数关系的原理制作。充气压力式温度计，根据一定质量的理想气体在恒容下气体压力和温度的线性关系（盖·吕萨克定律）测温；充液体压力式温度计，根据一定质量的液体体积不变时，液体的压力与温度呈线性关系测温；充低沸点液体压力式温度计，利用低沸点液体的饱和蒸气压随温度变化的关系测温。氧蒸气压温度计就属于这一类，它常用来测液氮或液态空气的温度。

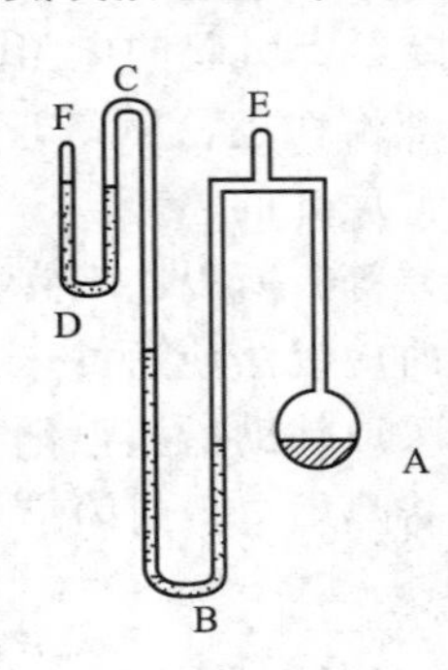

图 2-4　氧蒸气压温度计

氧蒸气压温度计的构造如图 2-4 所示。U 型管 B 中装有适量水银，在 F 端抽真空后封闭之，然后 U 型管 B 慢慢向 U 型管 D 方倾斜，使一小部分汞流入 D 管，再将其复位，于是在 C 处获得一个极高的真空度。在玻璃泡 A 处充有纯的氧气，当温度处于 77K（液氮的正常沸点）至 84K 范围时，氧气部分凝为液体，达到气液平衡，液态氧的饱和蒸气压可从 U 型管 B 读出。根据 77～84K 与氧及氮气的饱和蒸气压对应的温度值。可以知道，在 77.3K（液氮正常沸点），氧的蒸气压为 154mmHg；78.3K 为 178mmHg。温度变化 1℃，蒸气压改变了 24mmHg。若蒸气压的测定准确度达 ±2.4mmHg，测温准确度达 ±0.1℃。

(3) 温度的控制　温度对物质的许多物理性质（如折射率、黏度、表面张力等）和化学性质（如化学反应的平衡常数和反应速率常数）有显著的影响。故许多物理化学实验须在恒温条件下进行。

恒温控制的原理可分为两类，一类是利用物质的相平衡温度不变使相平衡的物质构成介质浴；另一类是利用电子调节系统对加热或制冷器的工作状态进行自动调节，使被控体系处于设定的温度下。

① 相变点恒温介质浴　当物质处于相变平衡时，相平衡温度保持不变。将控温体系置于相变平衡物质的介质浴中，并不断搅拌介质浴，保持介质在相平衡状态，就可获得一个高度稳定的恒温条件。常用于构成这种恒温介质浴的介质见表 2-7。

相变点恒温介质浴是一种简单、操作方便、控温稳定的恒温装置。但恒温温度不能任意调节，限制了它的使用范围。恒温过程中，须始终保持相平衡状态，当某一相消失，介质温度就会失控，因而不能长时间地恒温。

表 2-7　常用恒温介质浴的介质

介　质	温度/℃	说　明
液氮	−195.9	
干冰-丙酮	−78.5	将干冰逐步加入到丙酮中，严禁明火
冰-水	0	
$Na_2SO_4 \cdot 10H_2O$	32.38	$Na_2SO_4 \cdot 10H_2O$在温水中加热到达温度后，处于三相平衡
沸腾丙酮	56.5	
沸腾水	100	

② 恒温槽　恒温槽控温是利用电子调节系统，对加热器、致冷器进行自动调节，根据所控温度不同选用不同的介质进行长时间恒温的装置。常用的介质见表 2-8。

表 2-8　恒温槽常用介质

液体介质	温度范围/℃	说　明	液体介质	温度范围/℃	说　明
乙醇或乙醇水溶液	−60～30		20%食盐水	−3	1份食盐+3份水
水	0～80		乙醇	−60	干冰
甘油或甘油水溶液	80～160		水	5	冰水
液体石蜡、硅油	70～200				

恒温槽主要由浴槽、加热器（或冷却器）、温度计、搅拌器、感温元件及恒温控制器组成。物理化学实验常用的恒温水槽构成如下。

a. 槽体。控制的温度稍高于室温，用敞口的大玻璃缸装蒸馏水作为浴槽，待控体系浸入其中。如使用超级恒温槽可将恒温槽中的恒温水循环流过待恒温体系，不必将待恒温体系浸入浴槽中。

b. 加热器。对电热器的要求是体积小、导热性好、功率适当。加热器功率的选择，最好能使加热时间和停止加热时间（这由继电器来控制）各占一半。如 20L 的水浴槽，一般用 250W 的加热器。

c. 感温元件。一般用水银接触温度计（又称导电表），其构造见图 2-5。它的外形与普通温度计类似。感温要求由两个电极来实现，一个电极为水银柱上可上下移动的钨丝触针 a（可调电极），它位置由磁性螺旋丝杆 b 调节；另一极为固定电极，伸入温度计底部与水银相接。这两个电极由引出线 c 与继电器相接。丝杆上的标铁 d 随电极上下移动，由上标尺可大致指示设定的控制温度。控温时，调节置于恒温槽中导电表的磁性螺旋丝杆，使标铁上端所指示温度低于要求的恒温温度 2～3℃时，水银柱与触针 a 不相接，继电器会使加热器处于通电状态而加热；当温度上升到水银柱与触针 a 相接（此时温度也达到了标铁设定值）时，可调电极与固定电极接通，继电器使加热器处于断电状态。从恒温槽的精密温度计上读取稳定的温度后，小心地调节钨丝触针 a，使继电器处于瞬间加热和瞬间停止的交替状态，直至达到要求的恒温温度。

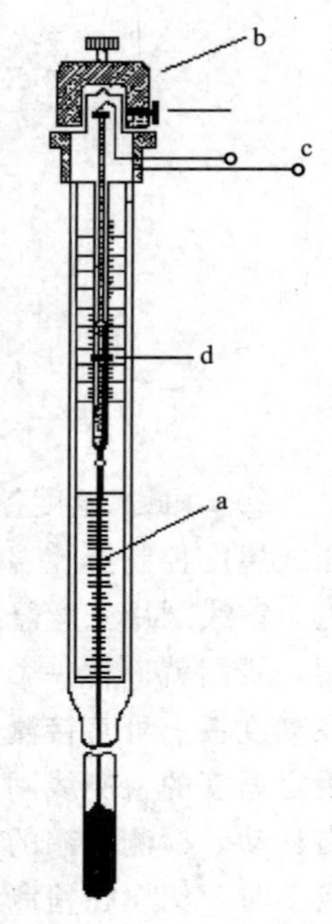

图 2-5　接触温度计

d. 晶体管继电器。与导电表配套实现温度的控制。

e. 搅拌器。使槽体内液体介质温度均匀，减少介质的热惰性。搅拌器为螺旋桨式或涡轮式，具有适当的片数、直径和面积。搅拌器应与加热器、接触温度计接近，通过迅速搅拌使加热的液体温度均匀。

恒温槽的灵敏度当控温装置属于“通”“断”型时，恒温槽控制的温度不是某一固定不变的值，而是一个波动的范围，波动范围越小，各处的温度越均匀，恒温槽的灵敏度越高。灵敏度的高低与感温元件、继电器、搅拌效率、加热器功率及恒温槽中各部件的布局等有关。恒温槽安装后，要对其灵敏度进行测定。在某一控制温度下，用贝克曼温度计测量温度随时间变化情况，作出温度-时间关系图（灵敏度曲线）。灵敏度 t_s 由下式求得：

$$t_s = \pm (t_2 - t_1)/2$$

式中，t_2 和 t_1 分别是控制温度下，测出的恒温槽最高和最低温度。

图 2-6 给出了几种典型的控温灵敏度曲线。其中曲线（c）表明加热器功率太大；（d）表明加热器功率太小，或浴槽散热太快；（b）表示加热器功率适中，但温度控制器不够灵敏，热惰性大；（a）控温效果较理想。由于外界因素干扰的随机性，实际控温灵敏度曲线会更复杂些。

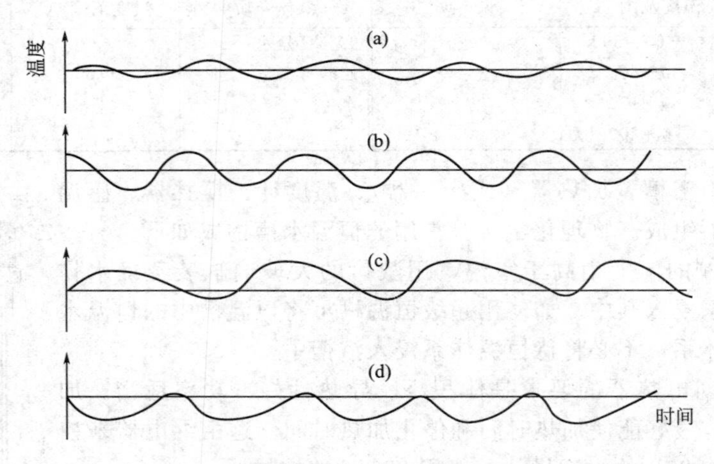

图 2-6　恒温槽灵敏度曲线的几种情

③ 动圈式温度控制器　导电表不能用于高温，电炉温度常用热电偶作感温元件，用动圈式温度控制器控温。其原理为热电偶传来的温度信号（电压）加于动圈式毫伏表的线圈上。该线圈用张丝悬挂在外磁场中，当线圈有电流通过时，产生感生磁场，与外磁场相互作用，线圈就偏转一个角度（动圈）。偏转的角度值与热电偶的电势成正比，并通过测量指针在刻度板上可直接测出温度值。指针上有一片可随指针左右偏转的“铝旗”。另有一个调节设定温度的检测线圈，它分前后两半安装在刻度板后面，并通过机械调节旋钮可沿刻度板左右移动。检测线圈的中心位置通过设定指针在刻度板上显示出来。当电炉温度低于设定温度较多时，铝旗在检测线圈之外，由检测器控制的晶体管振荡器处于振荡状态，这时输出最大，通过检波和功率放大后，促使继电器吸合，电炉处于加热状态；当温度高于设定值时，铝旗完全进入检测线圈，这样隔断了检测线圈两半之间的磁耦合，减小了检测线圈的电感量，使振荡器停止振荡，这时输出甚小，促使继电器放松，电炉的电加热器停止工作。为防止被控体系的温度高于设定温度时铝旗冲出检测线圈，产生加热的错误动作，在检测线圈旁加一挡针进行保护。

④ PID 控制　PID 控制利用比例、积分和微分调节规律控制加热电流，使控制温度下

温度的波动范围减小，控温的灵敏度提高。比例调节规律是在过渡时间（被控体系受到扰动后恢复到设定值所需时间）内，按偏差信号的变化情况，自动调节通过加热器的电流（自动调流），达到有效克服二位控制引起温度波动的目的。偏差信号很大时，加热电流大；偏差信号变小时，加热电流以一定比例相应地变小；当被控体系温度达设定值时，偏差为零，加热电流也变为零。显然单靠比例调节规律无法补偿体系向环境的热耗散（降低体系温度），无法实现体系与环境间的热平衡。为了保持体系与环境间的热平衡，可在比例调节规律基础上加积分调节规律。积分调节规律在过渡时间将近结束时（偏差信号极小），利用过渡时间前期的偏差信号积累，产生一个足够大的加热电流，保持体系与环境间的热平衡。如在比例、积分调节的基础上再加上微分调节规律，在过渡时间一开始，输出一个具有按微分指数曲线降低性质的加热电流（该电流远大于单一的比例调节电流），使体系温度迅速回升，缩短过渡时间。PID 控制过程能较好地控制热惰性大的体系，应用于程序升温控制和精密控温场合。

2.2 真空技术

2.2.1 真空的获得

真空是指低于标准压力的稀薄气体状态，真空状态下气体的稀薄程度，常以压强值表示，称作真空度。现行的国际单位制（SI）中，真空度的单位和压强的单位为帕（Pa）。

近代的物理化学实验中，凡对实验有明显影响的气态物，都应被排除。因此，创造一个具有某种真空度的实验环境，是进行物理化学实验研究的一项重要基本技能。

物理化学实验按真空的获得和测量方法的不同来划分真空范围，对真空范围的划分见表 2-9。

表 2-9 物理化学实验对真空范围的划分

真　空	真空范围/Pa	分子运动特点
粗真空	$10^5\sim10^3$	分子以互相碰撞为主,分子自由程≪容器尺寸
低真空	$10^3\sim0.1$	分子互相碰撞和与容器碰撞机会相近,分子自由程≈容器尺寸
高真空	$0.1\sim10^{-6}$	分子与容器碰撞为主,分子自由程≫容器尺寸
超高真空	$10^{-6}\sim10^{-10}$	分子与容器碰撞次数减少,形成一个单分子层的时间达数分钟
极高真空	10^{-10}	分子数目极少,有严重的涨落现象

把气体分子从容器中抽出，就能获得真空。能从容器中抽出气体，使容器中气体压力降低的装置，称为真空泵。有各种类型和可达到不同抽气效果的真空泵，真空泵的类型和使用范围见表 2-10。实验室用得最多的是水泵、机械泵和扩散泵。

表 2-10 常用真空泵的类型和使用范围

泵	极限真空度/Pa	特点及用途
水泵	10^3	水为工作介质,极限真空受水蒸气压限制,用于抽滤和产生粗真空
机械泵	10^{-1}	特种油作为工作介质,对实验对象有轻微污染,在体系和泵的进气管之间串接吸收塔或冷阱;泵启动和停止运行前,先使泵的进气口与大气相通,以防泵油倒吸污染实验体系
扩散泵	10^{-7}	工作介质为硅油,以机械泵为前级泵,对实验对象有轻微污染,在扩散泵和真空体系连接处安装冷凝阱,以捕捉可能进入体系的油蒸气
分子泵	10^{-8}	用高速旋转的叶片,排除气体,产生无油高真空

续表

泵	极限真空度/Pa	特点及用途
吸附泵	10^{-1}	液氮形成低温，分子筛大量吸附气体产生无油真空，使用寿命长，维护方便，可单独使用，常作为超高真空系统钛泵的前级泵
钛泵	10^{-8}	用化学和物理吸附产生超高真空，以吸附泵或机械泵为前级泵，无油、无噪声、操作简便，使用寿命长
低温泵	$10^{-9}\sim10^{-10}$	在液氦温度(4.2K)下形成超低温，靠深冷表面抽气

2.2.2　真空的测量

真空的测量实际上是测量低压下气体的压力，所用的量具通称为真空规。由于真空的范围为 $10^{4}\sim10^{-13}$ Pa，不同的真空规测量不同范围的真空度。真空规可分为绝对真空规和相对真空规两类，绝对真空规从它本身的仪器常数值及测得的物理量直接算出压力值；相对真空规不能用测出的量直接计算压力值，需要用绝对真空规校准后才能指示相应的压力值。常用的真空规有 U 型水银压力计、数字压力计、麦氏真空规、热偶真空规和电离真空规等。

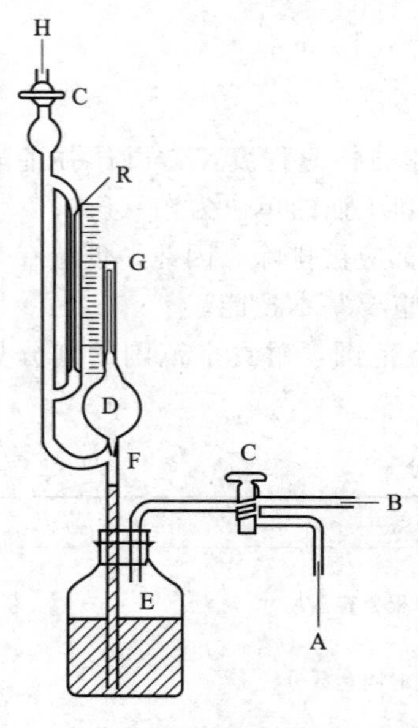

图 2-7　麦氏真空规构造图

(1) 麦氏真空规　麦氏真空规的构造见图 2-7，它利用波义耳定律，将被测真空体系中的一部分气体（装在玻璃泡和毛细管中的气体）加以压缩，比较压缩前后体积、压力的变化，算出其真空度。其使用步骤如下：缓缓启开活塞，使真空规与被测真空体系 H 接通，真空规中的气体压力逐渐接近于被测体系的真空度，同时旋三通活塞开向辅助真空 A，对汞槽 E 抽真空，不让汞槽中的汞上升。待玻璃泡 D 和闭口毛细管中的气体压力与被测体系的压力达到稳定平衡后，开始进行测量。将三通活塞小心缓慢地开向大气 B，使汞槽中汞缓慢上升至真空规上方切口 F 处时，玻璃泡和毛细管即形成一个封闭体系（其体积在使用前已标定）。令汞面继续上升，封闭体系中气体被不断压缩，压力不断增大，最后压缩到闭口毛细管内。毛细管 R 开口通向被测真空体系，其压力不随汞面上升而变化。因而随着汞面上升，R 和闭口毛细管产生压差，其差值可从两个汞面在标尺上的位置直接读出，如果毛细管和玻璃泡的容积为已知，压缩到闭口毛细管 G 中的气体体积也能从标尺上读出，就可算出被测体系的真空度。麦氏真空规已将真空度直接刻在标尺上。使用时只要闭口毛细管中的汞面刚达零线，立即关闭活塞，使汞面停止上升，这时从开管 R 中的汞面所在位置的刻度线，可读出真空度。麦氏真空规的量程范围为 $10\sim10^{-4}$ Pa。物理化学实验室常用转式麦氏真空规。

(2) 热偶真空规和电离真空规　热偶真空规和电离真空规均为相对真空规，热偶真空规利用低压时气体的导热能力与压力成正比的关系制作，其量程范围为 $10\sim10^{-1}$ Pa。电离真空规是一只特殊的三极电离真空管，在特定的条件下根据正离子流与压力的关系测量真空度，其量程范围为 $10^{-1}\sim10^{-6}$ Pa。通常将这两种真空规配套组成复合真空计。

2.2.3　真空体系的设计和操作

真空体系通常由真空产生、真空测量和真空使用三部分组成，这三部分之间通过一根或多根导管、活塞等连接起来。真空体系的设计思路为：根据真空下实验测量工作的要求，确定测量工作室的尺寸、形状和需要的真空度，依据工作室的体积确定抽气速率，达到要求真空度所需的时间和真空度的要求选择泵、真空规、管路和真空材料。整个真空系统结构要简单，操作维护方便，有一定的防护措施。

真空体系的材料，可以用玻璃或金属，玻璃真空体系吹制较方便，使用时可观察内部情况，便于在低真空条件下用高频火花检漏器检漏，但其真空度较低（$10^{-1}\sim10^{-3}$Pa）。不锈钢材料制成的金属体系真空度可达10^{-10}Pa。

真空泵的选择主要考虑泵的极限真空度和抽气速率。对极限真空度要求高，选用多级扩散泵，要求抽气速率大，可采用大型扩散泵和多喷口扩散泵。扩散泵应配用机械泵作为它的前级泵，选用机械泵要注意它的真空度和抽气速率应与扩散泵匹配。

真空规根据量程及具体使用要求来选择。真空度在$10\sim10^{-2}$Pa范围，选用转式麦氏规或热偶真空规；真空度在$10^{-1}\sim10^{-4}$Pa范围，选用座式麦氏规或电离真空规；真空度在$10\sim10^{-6}$Pa范围，通常选用热偶真空规和电离真空规配套的复合真空规。

冷阱是在气体通道中设置的一种冷却式陷阱，捕集经过气体的装置。通常在扩散泵和机械泵间要加冷阱，以免有机物、水汽等进入机械泵。在扩散泵和待抽真空部分之间，也要装冷阱，捕集气体并防止油蒸气沾污测量对象。常用冷阱结构见图2-8。具体尺寸视所连接的管道尺寸而定，一般要求冷阱的管道不能太细，以免冷凝物堵塞管道或影响抽气速率，也不能太短，以免降低捕集效率。冷阱外套杜瓦瓶，常以液氮、干冰等物质为冷剂。

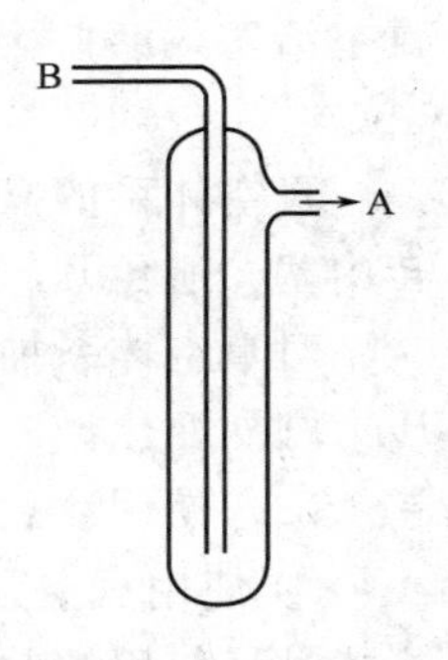

图2-8　冷阱结构

管道和真空活塞是玻璃真空体系连接各部件用的材料。管道的尺寸对抽气速率有很大影响，一般管道应尽可能粗而短，尤其在靠近扩散泵处。选择真空活塞应注意它的孔芯大小要和管道尺寸相配合。对高真空来说，用空心旋塞较好，它质量轻，温度变化引起漏气的可能性较小。

真空涂敷材料包括真空脂、真空泥和真空蜡等。真空脂用于磨口接头和真空活塞上，国产真空脂按使用温度不同，分为1号、2号、3号。真空泥用来修补小沙孔或小隙缝。真空蜡用来胶合难以融合的接头。

（1）真空体系操作步骤

① 启动真空泵抽真空　启动扩散泵前先用机械泵将体系抽至低真空，然后接通冷却水，接通电炉，使硅油逐步加热，缓缓升温，直至硅油沸腾并正常回流为止。停止扩散泵工作时，先关加热电源，不再回流后关闭冷却水进口，再关扩散泵进出口旋塞。最后停止机械泵工作。防止空气进入油扩散泵中使油被氧化（特别在温度较高时）。

② 真空体系检漏　对低真空体系检漏，最简便的方法是使用高频火花真空检漏仪。它利用低压力（$10^{3}\sim10^{-1}$Pa）下气体在高频电场中，发生感应放电时所产生的不同颜色，来估测气体的真空度。使用时，按住手揿开关，放电簧端看到紫色火花，并听到蝉鸣响声。将放电簧移近任何金属物时，产生不少于三条火花线（长度长于20mm），调节仪器外壳上面的旋钮，可改变火花线的条数和长度。火花正常后，可将放电簧对准真空体系的玻璃壁，若

压力小于 10^{-1}Pa 或大于 10^3Pa，紫色火花不能穿越玻璃壁进入真空部分，若压力大于 10^{-1}Pa 而小于 10^3Pa，紫色火花能穿越玻璃壁进入真空部分中，并产生辉光。当玻璃真空体系上有微小的沙孔漏洞时，由于大气穿过漏洞处的导电率比玻璃导电率高得多，因此，放电簧移进漏洞时，会产生明亮的光点，这个明亮的光点就是漏洞处。

实际的检漏过程如下：启动机械泵后数分钟，可将体系抽至 10～1Pa，此时用火花检漏器检查可看到红色辉光放电，然后关闭机械泵与体系连接的旋塞，5min 后再用火花检漏器检查，其放电现象应与前次相同，如与前次不同则表明体系漏气。为了迅速找出漏气处，采用分段检查的方式，即关闭某些旋塞，把体系分为几个部分，分别检查。用高频火花仪对体系逐段仔细检查，如果某处有明亮的光点存在，该处就有沙孔。检漏器的放电簧不能在某一点停留过久，以免损伤玻璃。玻璃体系的铁夹附近及金属真空体系不能用火花检漏器检漏。查出的个别小沙孔可用真空泥涂封，较大漏洞则须重新熔接。

体系能维持初级真空后，便可启动扩散泵，待泵内硅油回流正常后，可用火花检漏器重新检查体系，当看到玻璃管壁呈淡蓝色荧光，而体系内没有辉光放电时，表示真空度已优于 10^{-1}Pa；否则体系还有极微小漏气处，需利用高频火花检漏仪分段检查漏气，再以真空泥涂封。

若管道段找不到漏孔，漏气部位通常为活塞或磨口接头处，须重新涂真空脂、换接新的真空活塞或磨口接头。真空脂要涂得薄而均匀，两个磨口接触面上不得留有任何空气泡或“拉丝”。

真空体系的操作　在开启或关闭活塞时，用两手进行操作，一手握活塞套，一手缓缓旋转内塞，避免开、关活塞时产生的力矩使玻璃体系受力而扭裂。

对真空体系抽气或充气时，应通过活塞的调节，使抽气或充气过程缓慢进行，防止体系压力剧烈变化。

（2）使用注意事项

① 使用真空泵要严格按照操作规程。机械泵是系统的初抽泵，也是扩散泵的初级泵，不能过早使用扩散泵。

② 旋转真空系统的磨口活塞时，要用两手配合操作：左手握住活塞本体，右手稍向内轻轻拧转活塞，用力不能过大，以防活塞附近管道断裂。

③ 在拧转活塞以改变系统内液体压力计液面高度时要细心缓慢，防止液体因压力聚变而喷到系统内玷污系统。

④ 操作中要防止空气猛烈冲入系统，也不要使系统中压力不平衡的部分突然接通，以防系统破裂。

⑤ 系统的较大玻璃容器外部最好套上网罩，防止因内外压强悬殊可能引起的爆炸。

⑥ 玻璃真空系统容易破碎，且焊封颇为费事，因此操作使用过程中要仔细认真。

2.3　光学测量技术

光和物质作用可以产生各种光学现象（如光的折射、旋光、散射、反射、透射、吸收以及物质受激辐射等），通过对这些光学现象分析研究，可以提供分子、原子及晶体结构等方面的大量信息。如物质的成分分析、结构测定及光化学反应等，都离不开光学测量技术。一般光学测量系统都包括光源、滤光器、盛样品器和检测器等部件，可以用各种方式组合以满足实验需要。下面介绍几种物理化学实验中常用的光学测试仪器。

2.3.1　阿贝折光仪

折射率是物质的重要物理常数之一，借助它可鉴定物质的种类，了解物质的浓度、纯度及其结构。在实验室中常用阿贝折光仪（图 2-9）来测量物质的折射率，其优点是测量液体物质时，试液用量少（几滴）、操作简便、读数准确。

基本原理

当单色光从介质Ⅰ进入介质Ⅱ时，由于光在两种介质中的传播速度不同，发生折射现象，如图 2-10 所示。根据光的折射定律，入射光 i 和折射角 γ 有如下关系：

$$\frac{\sin i}{\sin \gamma}=\frac{\upsilon_{\mathrm{I}}}{\upsilon_{\mathrm{II}}}=\frac{n_{\mathrm{I}}}{n_{\mathrm{II}}} \tag{2-1}$$

式中，υ_{I}、υ_{II} 与 n_{I}、n_{II} 分别为光在介质Ⅰ、Ⅱ中的传播速度和折射率。

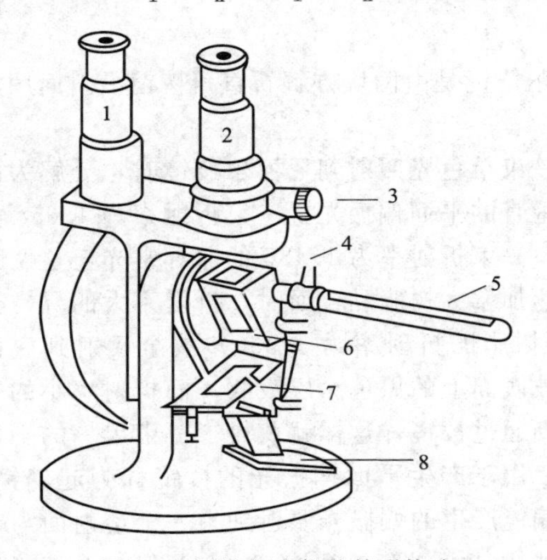

图 2-9　阿贝折光仪的外形构造

1—读数望远镜；2—测量望远镜；3—消色散手柄；4—恒温水入口；5—温度计；6—测量棱镜；7—辅助棱镜加液槽（开启状态）；8—反射镜

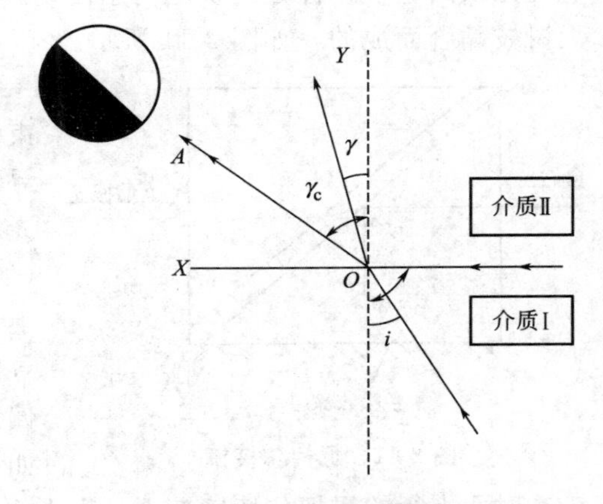

图 2-10　光的折射

按式(2-1)，若 $n_{\mathrm{II}}>n_{\mathrm{I}}$，则折射角 γ 恒小于入射角 i。当 i 增大到 90°时，γ 也相应增大到最大值 γ_c，此时介质Ⅱ中在 OY 到 OA 之间有光线通过，表现在亮区；而在 OA 到 OX 之间则为暗区。γ_c 称为临界折射角，它决定明暗两区分界线的位置。因 $\sin 90°=1$，式(2-1)可简化为

$$n_{\mathrm{I}}=n_{\mathrm{II}}\sin\gamma_c \tag{2-2}$$

若介质Ⅱ的折射率 n_{II} 固定，则临界折射角 γ_c 仅决定于介质Ⅰ的折射率 n_{I}。式(2-2) 即为用阿贝折光仪测定液体折光率的基本依据。

由折光仪的原理，折射光穿过空气经过凸透镜进入目镜，目镜里有一个十字线，调转棱镜使明暗的界限落在十字交点。此时对应在标尺上的刻度即为液体的折射率。由于折射率与温度和入射光的波长有关，测量时要对装样的棱镜的周围恒温，折射率以符号 n 表示，在其右上角表示温度，其右下角表示测量时所用的单色光的波长。如 n_D^{25} 表示介质在 25℃时对钠黄光的折射率。实验一般使用日光为光源，日光是 400～700nm 的各种波长的复合光。在折

射时，各种波长的光在相同介质的传播速率不同产生色散现象，使界面出现各种颜色，导致目镜的明暗交界线模糊不清而影响测量的准确性。为消除色散，提高测量的准确性，仪器上装有可调的消色补偿器（阿密西棱镜）消除色散，使明暗分界线清晰，这时所测的液体折射率与用钠光 D 线所测的液体折射率相同。

2.3.2　旋光仪

通过对某些分子的旋光性的研究，可以了解其立体结构的许多重要规律。对于溶液来说，旋光度还与其浓度有关。

当检测池中放进存有被测溶液的试管后，由于溶液具有旋光性，使平面偏振光旋转了一个角度，零度视场便发生了变化，转动检偏镜一定角度，能再次出现亮度一致的视场。这个转角就是溶液的旋光度，测得溶液的旋光度后，就可以求出物质的比旋度。根据比旋度的大小，就能确定该物质的纯度和含量了。

（1）旋光仪的构造原理和结构

旋光仪的主要元件是两块尼柯尔棱镜。尼柯尔棱镜是由两块方解石直角棱镜沿斜面用加拿大树枝黏合而成的，如图 2-11 所示。

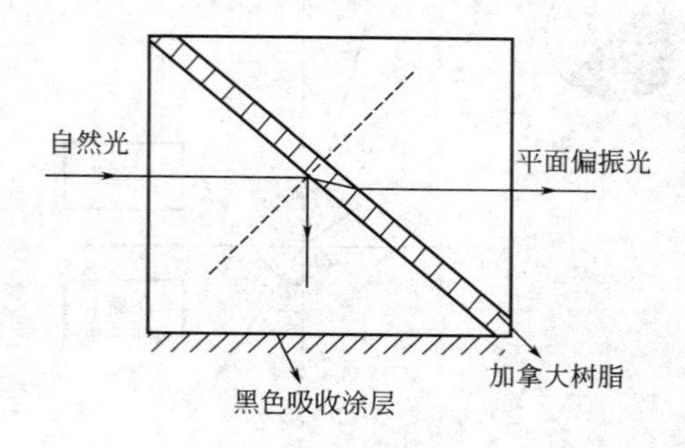

图 2-11　尼柯尔棱镜

当一束单色光照射到尼柯尔棱镜时，分解为两束相互垂直的平面偏振光，一束折射率为 1.658 的寻常光，一束折射率为 1.486 的非寻常光，这两束光线到达加拿大树脂黏合面时，折射率大的寻常光（加拿大树脂的折射率为 1.550）被全反射到底面上，并被底面上的黑色涂层吸收，而折射率小的非寻常光则通过棱镜，这样就获得了一束单一的平面偏振光。用于产生平面偏振光的棱镜称为起偏镜。如让起偏镜产生的偏振光照射到另一个透射面与起偏镜透射面平行的尼柯尔棱镜，则这束平面偏振光也能通过第二个棱镜；如果第二个棱镜的透射面与起偏镜的透射面垂直，则由起偏镜出来的偏振光完全不能通过第二个棱镜。如果第二个棱镜的透射面与起偏镜的透射面之间的夹角 θ 在 0°～90°之间，则光线部分通过第二个棱镜，此第二个棱镜称为检偏镜，透射的光线强度在最强和零之间变化。如果在起偏镜与检偏镜之间放有旋光性物质，则由于物质的旋光作用，使来自起偏镜的光的偏振面改变了某个角度，只有检偏镜也旋转同样的角度，才能补偿旋光线改变的角度，使透过的光的强度与原来相同。旋光仪就是根据这种原理设计的，如图 2-12 所示。

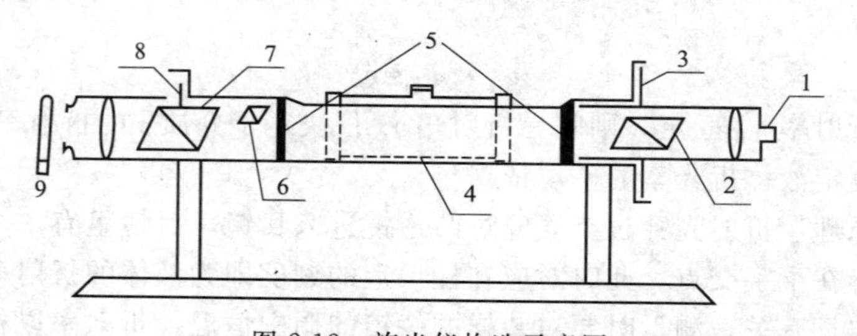

图 2-12　旋光仪构造示意图

1—目镜；2—检偏棱镜；3—圆形标尺；4—样品管；5—窗口；
6—半暗角器件；7—起偏棱镜；8—半暗角调节；9—光源

通过检偏镜用肉眼判断偏振光通过旋光物质前后的强度是否相同是十分困难的，这样会产生较大的误差，为此设计了一种在视野中分出三分视界的装置，原理是：在起偏镜后放置一块狭长的石英片，由起偏镜透过来的偏振光通过石英片时，由于石英片的旋光性，使偏振旋转了一个角度 Φ，通过镜前观察，光的振动方向如图 2-13 所示。

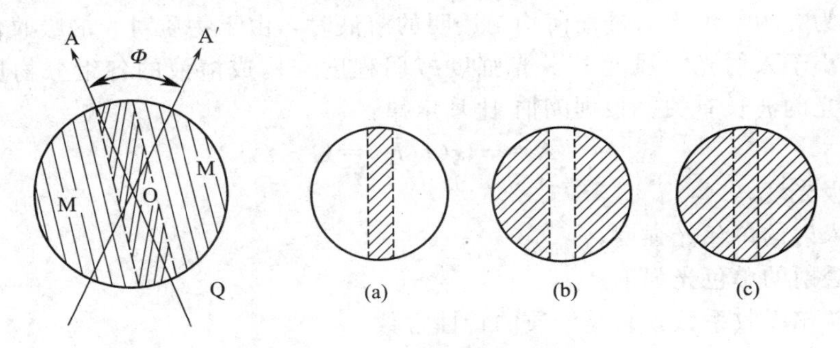

图 2-13　三分视野示意图

A 是通过起偏镜的偏振光的振动方向，A′是通过石英片旋转一个角度后的振动方向，此两偏振方向的夹角 Φ 称为半暗角（$\Phi=2°\sim3°$），如果旋转检偏镜使透射光的偏振面与 A′平行，则在视野中将观察到中间狭长部分较亮而两旁较暗，这是由于两旁的偏振光不经过石英片，如图 2-13(b)，如果检偏镜的偏振面与起偏镜的偏振面平行（即在 A 的方向上），则在视野中将是中间狭长部分较暗而两旁较亮，如图 2-13(a) 所示。当检偏镜的偏振光处于 $\Phi/2$ 时，两旁直接来自起偏镜的光偏振面被检偏镜旋转了 $\Phi/2$，而中间被石英片转过角度 Φ 的偏振面对被检偏镜旋转角度 $\Phi/2$，这样中间和两边的光偏振面都被旋转了 $\Phi/2$，故视野呈微暗状态，且三分视野内的暗度是相同的，如图 2-13(c) 所示，将这一位置作为仪器的零点，在每次测定时，调节检偏镜使三分视野的暗度相同，然后读数。

(2) 影响旋光度的因素

① 浓度的影响　对于具有旋光性物质的溶液，当溶剂不具旋光性时，旋光度与溶液厚度成正比。

② 温度的影响　温度升高会使旋光管膨胀而长度加长，从而导致待测液体的密度降低。另外，温度变化还会使待测物质分子间发生缔合或离解，使旋光度发生改变。通常温度对旋光度的影响，可用下式表示：

$$[\alpha]_t^\lambda=[\alpha]_{20}^D+Z(t-20)$$

式中，t 为测定时的温度；Z 为温度系数。

不同物质的温度系数不同，一般在 $-(0.01\sim0.04)$℃$^{-1}$之间。为此在实验室定时必须恒温，旋光管上装有恒温夹套，与超级恒温槽连接。

③ 样品管长度的影响　旋光度与旋光管的长度成正比。旋光管通常有 10cm、20cm、22cm 三种规格。经常使用的为 10cm 长度的旋光管。但对旋光能力较弱或者较稀的溶液，为提高准确度，降低读数的相对误差，需用 20cm 或 22cm 长度的旋光管。

使用注意事项：

a. 旋光仪在使用时，需要电预热几分钟，但钠光等使用时间不宜过长；

b. 旋光仪是较精密的光学仪器，使用时，仪器金属部分切忌沾污染酸碱，防止腐蚀；

c. 光学镜片部分不能与硬物接触，以免损坏镜片；

d. 不能随便拆卸仪器，以免影响精度。

2.3.3　分光光度计

（1）吸收光谱原理　物质中分子内部的运动可分为电子的运动、分子中原子的振动和分子自身的转动，因此具有电子能级、振动能级和转动能级。

当用波长为λ的单色光通过任何均匀透明的溶液时，由于物质对光的吸收作用，会使透射光的强度I小于入射光的强度I_0。光强度减弱程度与构成溶液的各组分物质结构、浓度以及所用入射光的波长有关。根据朗伯-比耳定律：

$$A=-\lg(I/I_0)=kLc$$

式中　A——吸光度；

I_0——入射的单色光强度；

I——透射的单色光强度；

k——摩尔吸收系数，它是溶质的特性常数；

L——被分析物质的光程，即比色皿的边长；

c——物质的浓度。

从上述公式看出，对于给定体系，使用一定比色皿时，吸光度与溶液浓度成正比。分光光度计使用的单色光从光源灯泡和单色光器获得。单色光器主要由棱镜（或光栅）、透镜和狭缝组成。灯泡发出的白光通过棱镜和光栅会发生色散，通过狭缝可选择任一波长的单色光，使之通过比色皿。单色光通过溶液后，其透射光射到一光电管（或光电池）上，产生光电流。当入射光强度I_0一定时，透射光强度与吸光度为单值函数关系，而光强度与产生的光电流成正比。因此，通过检流计或微安表指示的光电流大小可直接反映出吸光度的大小。

（2）分光光度计的构造原理　一束复合光通过分光系统，被分为一系列波长的单色光，任意选取某一波长的光，根据被测物质对光的吸收强弱进行物质的测量分析，这种方法称为分光光度法，分光光度法所使用的仪器称为分光光度计。

分光光度计的种类和型号较多，实验室常用的有72型、721型、752型等。各种型号的分光光度计的基本结构都相同，由五部分组成：①光源（钨灯、卤钨灯、氢弧灯、氘灯、汞灯、氙灯、激光光源）；②单色器（滤光片、棱镜、光栅、全息栅）；③样品吸收池；④检测系统（光电池、光电管、光电倍增管）；⑤信号指示系统（检流计、微安表、数字电压表、示波器、微处理机显像管）。

在基本构件中，单色器是仪器关键部件。其作用是将来自光源的混合光分解为单色光，并提供所需波长的光。单色器由入口与出口狭缝、色散元件和准直镜等组成，其中色散元件是关键性元件，主要有棱镜和光栅两类。

① 棱镜单色器　光线通过一个顶角为θ的棱镜，从AC方向射到棱镜，如图2-14所示，在C点发生折射。光线经过折射后在棱镜中沿CD方向到达棱镜的另一个界面上，在D点又一次发生折射，最后光在空气中沿DB方向进行。这样光线经过此棱镜后，传播方向从AA'变为BB'，两方向的夹角δ称为偏向角。偏向角与棱镜的顶角θ、棱镜材料的折射率以及入射角i有关。如果平行的入射光由λ_1、λ_2、λ_3三色光组成，且$\lambda_1<\lambda_2<\lambda_3$，通过棱镜后，就分成三束不同方向的光，且偏向角不同。波长越短，偏向角越大，如图2-15所示，$\delta_3>\delta_2>\delta_1$，这即为棱镜的分光作用，又称光的色散，棱镜分光器就是根据此原理设计的。

棱镜是分光的主要元件之一，一般是三角柱体。由于其构成材料不同，透光范围也就不用。例如，用玻璃棱镜可得到可见光谱，用石英棱镜可得可见光及紫外光谱，用溴化钾（或氯化钾）棱镜可得到红外光谱等。棱镜单色器示意图如图 2-16 所示。

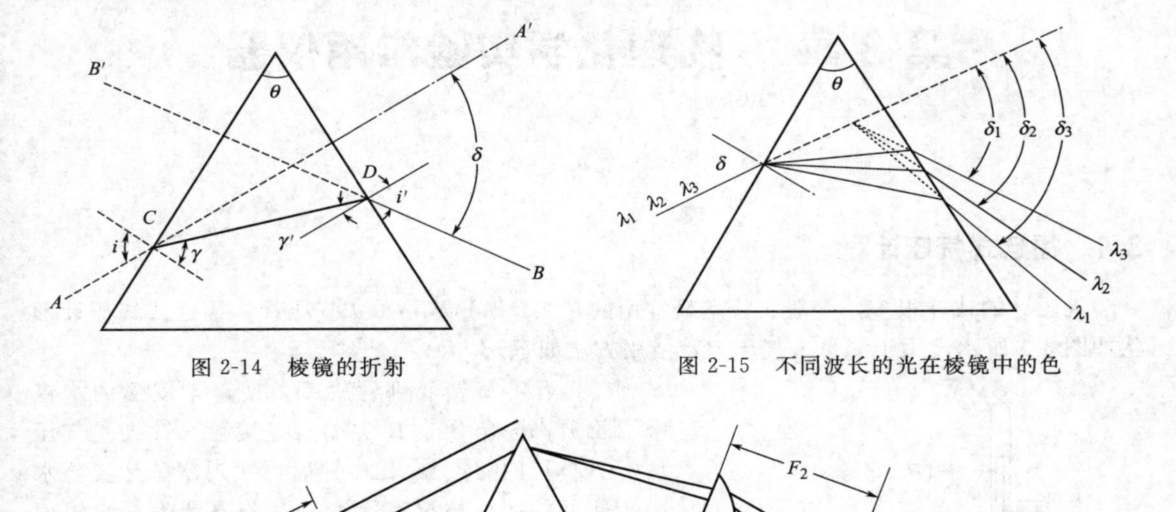

图 2-14　棱镜的折射

图 2-15　不同波长的光在棱镜中的色

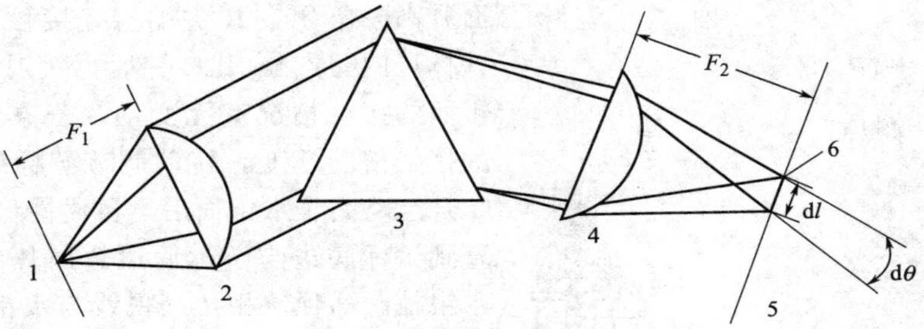

图 2-16　棱镜单色器示意图

1—入射狭缝；2—准直透镜；3—色散元件；4—聚焦透镜；5—焦面；6—出射狭缝

② 光栅单色器　单色器还可以用光栅作为色散元件，反射光栅是由磨平的金属表面上划许多平行的、等距离的槽构成。辐射由每一刻槽反射，反射光束之间的干涉造成色散。

使用注意事项：

a. 该仪器应放在干燥的房间内，使用时放置在坚固平稳的工作台上，室内照明不宜太强。热天时不能用电扇直接向仪器吹风，防止灯泡灯丝发亮不稳定。

b. 每台仪器所配套的比色皿不可与其他仪器上的表面皿单个调换。如需增补，应经校正后方可使用。

c. 不能用手摸比色皿的光面。

d. 开关样品室盖时，应小心操作，防止损坏光门开关。

第3章 物理化学实验常用仪器

3.1 福廷式气压计

气压计的式样很多，一般实验室最常用的是福廷（Fontin）式气压计。福廷式气压计形状如图3-1所示，用于测量大气压力，使用方法如下。

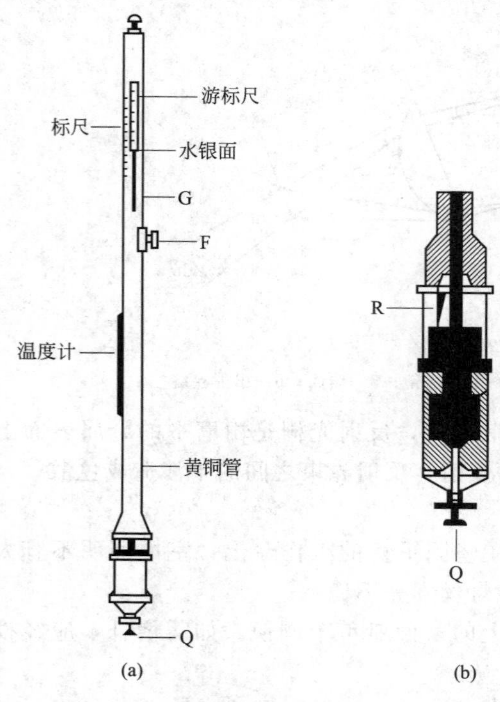

图3-1 福延气压计（a）和福延气压计底部放大（b）

小心旋转底部螺旋Q，使羚羊皮囊内水银面升高与象牙尖R尖端恰好接触（针尖是气压计标尺的零点），几秒钟后再次观察象牙尖与水银面的接触情况有无变动，若象牙尖与水银面的接触情况不变，转动调节游标螺旋F使游标G升至略高于水银面后，再慢慢将G往下调整，直到游标底边与游标后边金属片的底边同时与水银柱凸面顶端相切（视线与水银面水平），按照游标下缘零线所对标尺上的刻度，读出气压的整数部分，小数部分用游标来决定，从游标上找出一根与标尺上某一刻度相吻合的刻度线，它的刻度就是最后一位小数的读数。记录四位有效数字。同时记下气压计的温度以及气压计的仪器误差。

在旋转Q使槽内水银面升降时，水银柱凸面凸出情况不同，下降时凸面凸出比上升时要少。因此，旋转Q使槽内水银面升或降都会对读数的准确性产生影响。为减小影响，在调节螺旋Q时要轻轻弹一下黄铜管的上部，使水银柱的凸面正常。

水银气压计的刻度以0℃和纬度45℃的海平面高度为标准。从气压计上直接读出的数值须经过仪器误差、温度、海拔高度、纬度等主要误差项的校正后，才能得到正确的数值。

① 仪器误差校正　按仪器出厂时附有的仪器误差校正卡片进行校正。

② 温度校正　纬度45℃和0℃的海平面上76cm高的水银柱定义为一个大气压。温度的变化会导致水银密度和气压计材料（如铜管）密度的改变而影响读数。由于水银柱胀缩数值比铜管刻度的胀缩数值大，温度高于0℃时，从气压计读出的气压值要减去温度的校正值；温度低于0℃时从气压计读出的气压值要加上温度的校正值。

气压计的温度校正值可用式(3-1)计算：

$$p_0=[p(1+\beta t)]/(1+\omega t)=p-[p(\omega t-\beta t)]/(1+\omega t) \tag{3-1}$$

式中，p为气压计读数；p_0为将读数校正到0℃后的数值；t为气压计的温度（0℃）；

水银在0～35℃的平均体膨胀系数$\omega=0.0001818$；黄铜的线膨胀系数$\beta=0.0000184$。

温度为15～35℃时，由公式(3-1)计算的$[p(\beta t-\beta t)]/(1+\omega t)$值可从相关的手册查出。

③ 重力校正　重力加速度随海拔高度H和纬度i改变，气压计的读数受H和i的影响，进行此项校正，将经温度校正的气压读数乘以$[1-2.6\times10^{-3}\cos(2i)-3.1\times10^{-7}H]$。

对其他引起较小误差因素的校正，如水银蒸气压校正、毛细管效应校正等在精密测量时加以考虑。

3.2 电导率仪

DDB-303A型电导率仪用于测量水溶液的电导率，若配用适当常数的电导电极，还可用于测量纯水或超水的电导率（参见表3-1）。仪器的使用方法如下。

① 仪器使用前，装入9V干电池一节并预热15min。

② 调节“温度”补偿电位器，使温度指示值与被测溶液温度一致；如不需温度补偿，则把该电位器调到25℃位置。

表3-1　电导电极常数及电极的使用范围

序号	溶液电导率范围/(μS/cm)	对应电阻率/m·Ω	配套电极	常数	被测溶液实际电导率
1	0～0.2	∞～5000000	钛合金电极	0.01	显示×0.01
2	0～2	∞～500000	钛合金电极	0.01	显示×0.01
3	0～20	∞～50000	钛合金电极	0.01	显示×0.01
4	0～200	∞～5000	钛合金电极	0.01	显示×0.01
5	0～20	∞～50000	DJS-1C光亮电极	1	显示×1
6	0～200	∞～500	DJS-1C光亮电极	1	显示×1
7	0～2000	∞～500	DJS-1C铂黑电极	1	显示×1
8	0～20000	∞～50	DJS-1C铂黑电极	1	显示×1
9	0～200	∞～5000	DJS-10C铂黑电极	10	显示×10
10	0～2000	∞～500	DJS-10C铂黑电极	10	显示×10
11	0～20000	∞～50	DJS-10C铂黑电极	10	显示×10
12	0～200000	∞～5	DJS-10C铂黑电极	10	显示×10

③ 按被测介质电阻或电导率的高低选用不同常数的电极和不同的测量方式。

在电导率测量过程中，正确选择电导电极常数，对获得较高的测量精度是非常重要的。有常数为0.01、1.0和10三种不同类型的电导电极供选择配用。应根据测量范围参照表3-1选择相应常数的电导电极。

常数为1.0和10的电导电极有“光亮”和“铂黑”二种，镀铂电极习惯称作铂黑电极，光亮电极的测量范围为0～300μS/cm。当仪器的液晶显示屏出现自动进位功能提示符“×10”时，无论用何种常数的电极或任何测量挡，用户读出的数字显示值必须乘以10才是表3-1中的“显示数字”值。

④ 开关拨至“校准”挡，调节校准电位器，使数字显示为100.0。

⑤ 对于电极常数为1、10和0.01的三种电极，其准确值在出厂时经严格校准，校准好的电极常数是一个恒定值，并在电极上贴有标签（电极出厂时都贴有常数标签）。本仪器通过调节“校准”电位器，不同常数的电极均能按标准的电极常数正确显示电导率值。调整方法：把“测量/校准”开关置“校准”挡，如常数为0.95的电极，则调节“校准”使数字显

示为 95.0；如常数为 11 的电极，则调节“校准”使数字显示为 110.0；如常数为 0.012 的钛合金电极，则调节“校准”使数字显示为 120.0。

⑥ 按不同常数将测量电极校准好后，把“测量/校准”开关置“测量”挡，把电极浸入溶液中，此时显示数值即为被测溶液的电导率值对测量电极常数，在测量溶液的电导率前，一般都要在“校准”位校准一次，特别是连续使用时间较长或温度变化较大时更应重新校准一次。

⑦ 用常数为 1 的电极测量时，仪器显示的数值就是被测溶液的实际电导率。用常数为 10 的电极测量时，显示的数值应再乘以 10 就是被测溶液的实际电导率。若用于测量工业流程中纯水或高纯水的电导率，可另行选购常数为 0.01 的钛合金电极，并同时选购密封耐腐蚀的流通测量槽。

3.3　UJ33D-2 型数字电位差计

UJ33D-2 型数字电位差计（见图 3-2）的使用方法如下。

① 输出　按下电源开关预热仪器 15min 后，显示屏显示读数，功能转换开关置于“输出”，量程转换开关旋置合适量程，调节粗、细调节电位器获得所需量值的稳定电压。

② 调零　功能转换开关置于“调零”，调节调零电位器使数字显示为零。

③ 测量　功能转换开关置于“测量”选择合适的量程，显示读数为被测电压值。

④ 温度直读　功能转换开关旋置“测量”或“输出”时，“温度直读”开关拨到向上位置，显示测量或发生毫伏值对应所选择分度号的温度读数。

⑤ 按下电源开关至“0”，或拔去外接电源插头，仪器停止工作。

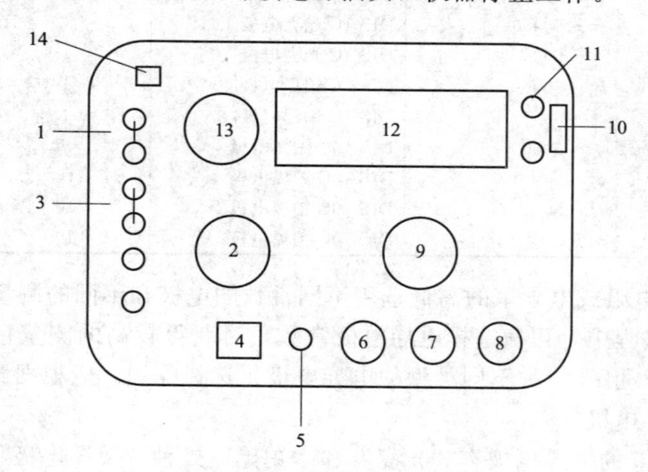

图 3-2　UJ33D-2 型数字电位差计面板

1—信号端钮；2—功能转换开关；3—导电片；4—电源开关；5—外接电源插座；6—调零旋钮；7—粗调旋钮；8—细调旋钮；9—量程转换开关；10—温度直读开关，11—发光指示管；12—LCD 显示器；13—分度号选择开关；14—RS-232 接口针座

3.4　阿贝折光仪

原理前面已有介绍，仪器的具体使用方法如下。

① 仪器的安装　将折光仪置于光亮处（靠窗的桌上或普通白炽灯前，避免阳光直接照

射，防止液体试样迅速蒸发），将与仪器配套的温度计装到仪器上。

② 将超级恒温槽调到测定所需要的温度，并将恒温水通入阿贝折光仪的测量棱镜和辅助棱镜的恒温夹套中，检查棱镜上的温度计的读数（恒温温度以折光仪上温度计的读数为准），一般选用 20±0.1℃或 25±0.1℃。

③ 加样　松开锁钮，开启辅助棱镜，使其毛玻璃面处于水平位置，用滴管滴加几滴丙酮（或无水乙醇）清洗镜面。注意勿让滴管尖碰触镜面。用擦镜纸轻轻擦干镜面或待丙酮自然挥发后，滴加数滴试样于辅助棱镜的毛镜面上，迅速闭合辅助棱镜，旋紧锁钮，使待测液体均匀覆盖于两棱镜面上（从加样槽用取样品的滴管补加少量样液，使两棱镜面上无气泡存在）。

④ 对光　转动棱镜组，使刻度盘标尺上的示值为最小，调节反射镜，使入射光进入棱镜（从测量望远镜中观察时，视场最亮）。调节目镜，使视场准丝最清晰。

⑤ 粗调　转动棱镜组，使刻度盘标尺上的示值逐渐增大，直至观察到视场中出现彩色光带或黑白临界线为止。

⑥ 消色散　转动消色散手柄，使视场内呈现一清晰的明暗临界线。

⑦ 精调　转动棱镜组，使临界线恰好处于十字形准丝交点上，若此时呈现微色散，必须重调消色散手柄，使临界线明暗清晰。

⑧ 读数　打开罩壳上方的小窗（因保护刻度盘清洁，折光仪一般都将刻度盘装在罩内），使光线射入，然后从读数望远镜中读出标尺上相应的示值。由于眼睛在判断临界线是否处于准丝交点上时容易疲劳，为减少偶然误差，应转动棱镜组，重复测定三次，三个读数相差不能大于 0.0002，然后取其平均值。试样组成变化对折射率的影响极其灵敏（试样被玷污或其中易挥发组分的挥发，会使试样组成发生微小的改变，导致测量误差），一个试样应重复取样三次，进行测量，样品的折射率取三次取样测量的数据平均值。

⑨ 仪器校正　折光仪的刻度盘上标尺的零点有时会发生移动，必须加以校正。校正的方法是用一已知折射率的标准液体，一般用纯水或丙酮，按上述方法进行测定，将平均值与标准值比较，其差值即为校正值。25 和 30℃时，纯水的折射率分别为 1.3325 和 1.3319。

⑩ 测定完毕，用少量丙酮淋洗两棱镜并用擦镜纸擦干，拆下温度计放回原位。

阿贝折光仪是精密、贵重的光学仪器，使用时应注意：

a. 开闭棱镜要小心，特别注意棱镜面的保护；

b. 不得测量带有酸性、碱性、腐蚀性的液体。

3.5　PGM-Ⅱ数字小电容测试仪

PGM-Ⅱ数字小电容测试仪采用微弱信号锁定技术设计制造，可进行高精度、宽量程的电容和介电常数测量。使用方法如下。

（1）电容测量

① 将仪器与 220V 的交流电源相接，插上测试线，将电源开关置于“通”位，预热 5～10min。

② 选择适当量程，“Ⅰ”或“Ⅱ”（分辨率“Ⅰ”为 0.01pF，“Ⅱ”为 0.1pF）。

③ 按下“采零”键，使显示器显示“00.00”或“000.0”后，将电容与仪器插口接好，待仪器读数稳定后，显示读数为被测电容的电容量（为获得高的测量精度，尽量选择小量程挡进行测量）。

（2）介电常数的测量（电容池中介质电容的测量）

① 仪器通电预热后，将测试线的一端与电容测试仪接好，另一端放置于电容池近处，将电容池座测试线接入电容池座，避免测试线晃动，使显示器读数稳定。

② 将仪器“采零”。

③ 将测试头插入电容池（高精度测量，将电容池上的管接头接入恒温油进行恒温），记录读数 $C'_{空}$（空气介质电容和系统分布电容之和）。

④ 拔下电容池测试线，将电容池中间夹层填入液体电解质（略高于中间柱面），待数值稳定后，按下“采零”键，再插上电容池测试线，测出电容池的电容量 $C'_{样}$（电解质电容与分布电容之和）。

下篇　物理化学实验

第 4 章　化学热力学实验

实验一　燃烧热的测定

实验目的

1. 掌握热量测量的原理和实验技术。
2. 了解温差测量方法。
3. 了解恒温氧弹式量热计的原理和使用方法。
4. 了解氧气钢瓶的安全使用方法。

实验原理

物质燃烧放出的热量很难被直接测量，但由热量的传递所引起的温度的变化却很容易测量。若有一种仪器的热容可以测定，可在这种仪器中进行燃烧反应，观测温度的变化就可计算出物质燃烧放出的热量，进而求出物质的燃烧热。

恒温氧弹量热计（恒温氧弹卡计）就是这样一种仪器，当把燃烧反应置于一个恒容的氧弹中进行时，可以测定燃烧反应放出的热量。为了保证燃烧完全，在氧弹中需要充入约1MPa 的纯氧。恒温氧弹量热计的构造剖面图如图 4-1 所示。

量热计的热容 C 可采用标准物质苯甲酸（恒容热 $Q_{V,\mathrm{S}}=-3226.9\mathrm{kJ\cdot mol^{-1}}$ 或 $-26424\ \mathrm{J\cdot g^{-1}}$）在实验条件下测定，将苯甲酸压片准确称量（扣除铬镍丝的质量）后，使苯甲酸在氧弹中完全燃烧，燃烧放出的热量会使卡计的温度升高，通过测量温差可计算出卡计的热容。在氧弹中除发生苯甲酸的燃烧反应外，铁丝燃烧及氧弹中含有的 N_2 被氧化均放出热量，根据能量守恒原理，物质反应放出的热量全部被氧弹及周围的介质（本实验为 3000mL 水及卡计）所吸收，测量介质温度的变化 ΔT_S 得热平衡式：

$$C\Delta T_\mathrm{S}=m_\mathrm{S}Q_{V,\mathrm{S}}-28m_{\mathrm{Cr\text{-}Ni(1)}} \tag{4-1}$$

式（4-1）中，m_S 为苯甲酸的质量（准确到±0.00001g）；$m_{\mathrm{Cr\text{-}Ni(1)}}$ 为已燃烧的铬镍丝的质量，28 为 1g 铬镍丝燃烧放出的热量，$\mathrm{J\cdot g^{-1}}$。

同样的，当在氧弹量热计中燃烧待测物质（萘），测量介质温度的变化 ΔT 得热平衡式(4-2)。

$$C\Delta T=mQ_V-28m_{\mathrm{Cr\text{-}Ni(2)}} \tag{4-2}$$

在忽略氮氧化合物生成放出的热量时，将式（4-1）、式（4-2）对比得式（4-3）：

$$\frac{\Delta T}{\Delta T_\mathrm{S}}=\frac{mQ_V-28m_{\mathrm{Cr\text{-}Ni(2)}}}{m_\mathrm{S}Q_{V,\mathrm{S}}-28m_{\mathrm{Cr\text{-}Ni(1)}}} \tag{4-3}$$

因此，实验的关键是要测量物质燃烧放热引起环境介质的温度变化值（ΔT）。本实验通过测定温度随时间的变化曲线（温度-时间曲线）确定温度变化值。

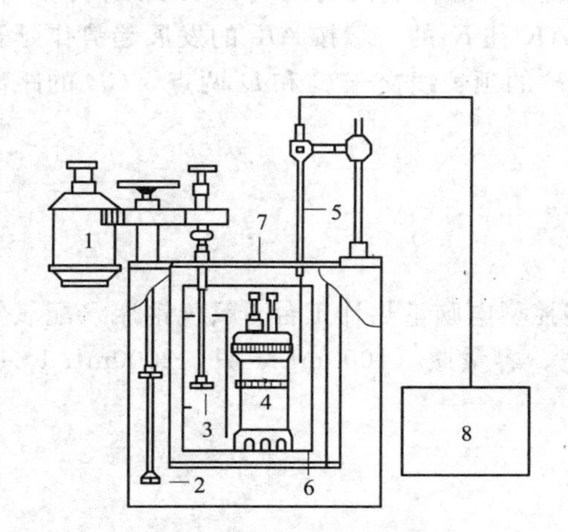

(a) 恒温氧弹量热计的构造剖面图

1—马达；2—空气搅拌器；
3—水搅拌器；4—氧弹；5—测温元件；
6—绝热水桶；7—绝热胶板；8—记录仪

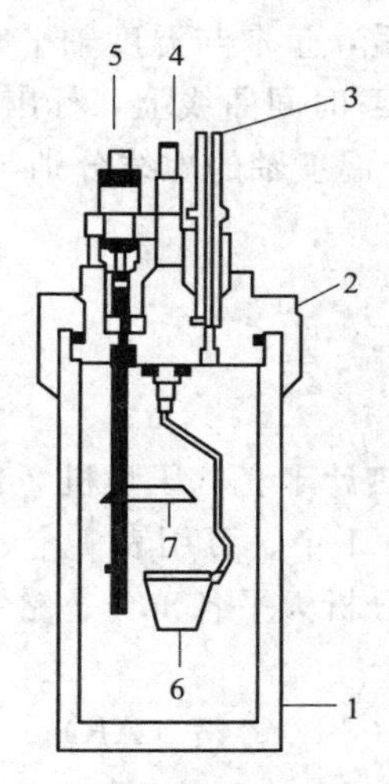

(b) 氧弹的构造

1—氧弹筒体；2—氧弹盖；3—排气口；
4—电极；5—进气口和电极；
6—燃烧皿；7—火焰遮板

图 4-1　恒温氧弹量热计

随着科学技术的发展，温差测量技术已从用温度计直接测量温差和手工处理数据发展到利用热敏元件将温差信号转化为电信号（在测量条件下，温差与电势差成正比），实现数据自动采集、记录和处理的阶段，本实验用的恒温氧弹量热计的温差测量，使用计算机控制、自动采集、处理数据的。

本实验测量的温度-时间曲线如图 4-2 所示。通过测定一定量的苯甲酸燃烧反应的温度-时间曲线，量出曲线的温度差 ΔT_S，由待测样品的温度-时间曲线量出曲线的 ΔT。

代入式（4-3）解得 Q_V，再转化为摩尔量，有：$Q_{V,\mathrm{m}}=Q_V\mathrm{M}$

$$Q_{p,\mathrm{m}}=Q_{V,\mathrm{m}}+\Delta nRT \tag{4-4}$$

式中，生成物与反应物气体物质的量之差 $\Delta n=\sum\nu_{\mathrm{p}}(\mathrm{g})-\sum\nu_{\mathrm{r}}(\mathrm{g})$，

本实验 $C_{10}H_8(s)+12O_2(g)=\!=\!=10CO_2(g)+4H_2O(l)$，$\Delta n=10-12=-2$

$$Q_{p,\mathrm{m}}=\Delta_{\mathrm{c}}H_{\mathrm{m}}(p,T) \tag{4-5}$$

本实验用恒温氧弹量热计测定萘完全燃烧时的恒容燃烧热，并依据恒容燃烧热计算出萘在实验压力 p 和温度 T 时的摩尔恒压燃烧热 $\Delta_{\mathrm{c}}H_{\mathrm{m}}(p,T)$。

由于恒温氧弹量热计的绝热性能不能完全避免系统和环境之间的热交换，因此，对于物质燃烧测出的温度-时间曲线（图 4-2），需要进行校正，才能获得正确的结果。温度-时间曲线（图 4-2）的含义如下：AK 为基线，表示燃烧反应发生之前，卡计中介质水的温度。当 AK 为平行于 T 轴的直线或为斜率恒定的斜线时，表明卡计温度已稳定；KE 表示燃烧反应发生后，卡计中介质水的温度发生变化的情况。从 K 点起，燃烧反应放出大量的热使卡计中水温在短时间内迅速上升，直到曲线出现

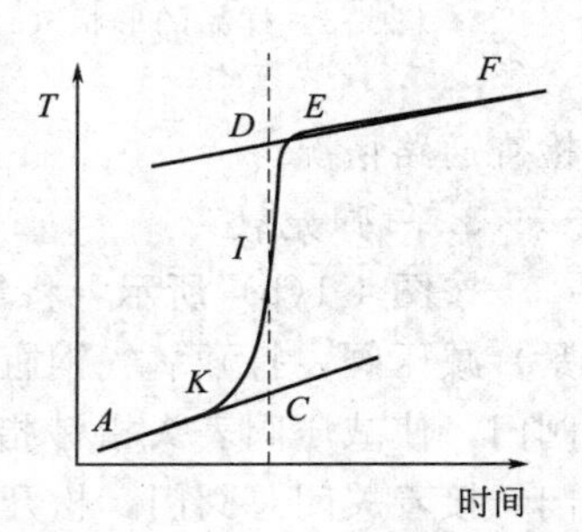

图 4-2　峰高 h 的量取方法

转折到达 E 点为止；EF 段表示系统温度经过迅速上升后再次趋于平稳。按下面介绍的方法从温度-时间曲线量取峰高可获得正确的结果。将图 4-2 中的 EF 段按该段发展趋势逆 T 轴向作延长线后，量取与温度轴平行时 K 点到 EF 延长线间的距离，取该距离的一半，并平移该点至温度-时间曲线上，标出 I 点；将 AK 往 K 的一端按 AK 的发展趋势作延长线，过 I 点作平行于温度轴的虚线分别与 AK 和 EF 的延长线交于 C 和 D 两点，CD 的距离即为温度差 ΔT。

仪器与试剂

1. 仪器

氧弹量热计 1 套、压片机 2 台、WL 多控型电脑量热计 1 台、氧气钢瓶（配氧气减压器和充氧导管）1 个、万用表 1 个、扳手 1 把、容量瓶（1000mL 1 只，2000mL 1 只）、电子台秤 1 台、分析天平各 1 台、铬镍丝若干。

2. 试剂

苯甲酸（AR）、萘（AR）。

实验步骤

一、用苯甲酸测定电脑量热计的热容 C

1. 样品的压片

压片前先检查压片用钢模是否干净和干燥，用电子台秤称量 0.8～1.0g 苯甲酸，倒入压片机的槽内，用压片机螺杆徐徐旋紧，稍用力使样品压牢（注意：用力要均匀适中，压力太大样品太紧，压力太小样品疏松，都不易燃烧完全），抽去模底的托板后继续向下压，用盒子接住样品片，并小心敲打弹去样品片周围的粉末，得到符合实验要求的样片［图 4-3(a) 所示］。将样品置于称量纸上，在分析天平上用减量法准确称量样品，同时准确称量铁丝一根，以供燃烧使用。

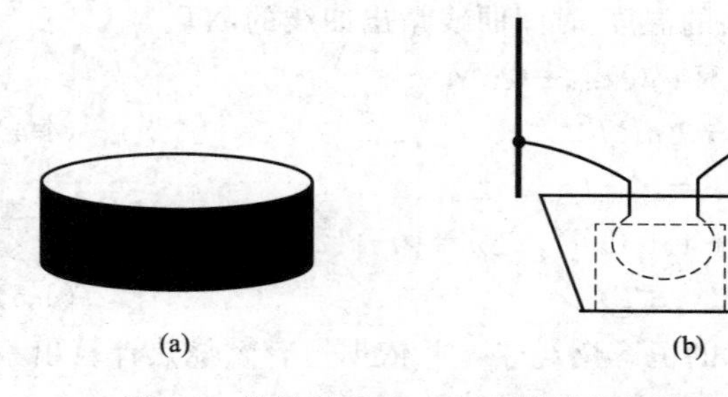

图 4-3　样品的形状（a）和样品的接线（b）

2. 装置氧弹

拧开氧弹盖，将其放在架上，将铁丝做成“Ω”形状，并将铁丝两头小心牢固地安装在氧弹的两个电极上［图 4-3(b)］，利用铁丝的弹性，将铁丝的圆圈从样品背面紧贴样品，用万用电表检查两电极是否通路（一般电阻值为 5～20Ω 之间）。若通路，将氧弹内壁擦干并旋紧氧弹盖和盖上的出气口后，再次检查通路情况。

3. 氧弹充氧

按图 4-1(b) 所示，将氧弹的进气口通过充氧导管与氧气钢瓶连接，逆时针旋松（即关紧）减压阀，打开氧气钢瓶上的氧气出口阀门（总阀），然后缓缓旋紧（即渐渐打开）减压阀门，使减压阀表头指针指在表压 1～1.2MPa，氧气充入氧弹中，1～2min 后关闭减压阀门，接着关闭总阀门，松开导气管取下氧弹。再次打开减压阀门放掉两阀门之间的余气，再旋松减压阀门，使钢瓶和氧气表头复原。

4. 氧弹安装

用万用电表再次检查两电极是否通路。若通路，擦干卡计的内筒，按图 4-1（a）所示将氧弹卡计的内筒、搅拌器装好；打开记录仪电源开关使仪器预热，从水缸中用容量瓶准确量取 3000mL 水，将水仔细地倒入卡计的内筒里，倒入 2/3 的水后，把充好氧气的氧弹小心地放入内筒里（内筒里的水不外溅，氧弹不与内筒壁相接触），再倒入余下的 1/3 的水，将点火电极分别与氧弹的两电极连接，盖上绝热胶木板并将测温探头插入外套测温口中。

5. 燃烧和温差测量

（1）启动电脑到 Windows 桌面，预热仪器半小时；

（2）双击 Windows 桌面上的“量热计图标”，进入热量计电脑控制菜单；

（3）在控制菜单中，单击“运行 Alt＋C”，进行数据测定；

（4）在热量计“测试→数据库”菜单中，输入被测物质的质量（g）；

（5）单击“设定参数 Alt＋C”菜单，设定测量的有关参数，选择如下：

⊙奔腾，⊙发热量，⊙不打印，⊙全部贮存

单击“常数储存”按钮，保存所设定的参数；

（6）单击菜单“返回 Alt＋F”，返回“控制菜单”；

（7）单击“控制菜单”的“开始实验”，仪器自动运行，测试完毕后自动停止，并显示“1 号机测试完毕”，若点火失败，则单击“中断实验”按钮，需重新装样再测；

（8）单击“中断实验”按钮，并记录温度及必要的参数数据；

（9）取出氧弹，旋松出气口放气，旋松氧弹盖取出未燃烧的铬镍丝，称取铬镍丝的质量，并检查燃烧的完全程度（燃烧不完全，氧弹的燃烧皿有黑色的残留物）。

二、萘恒容燃烧热的测定

用电子台秤称取约 0.6g 萘，按上述一中的步骤完成实验。

注意：在测萘恒容燃烧热时，设定测量的有关参数，应选择“发热量”，同时采用测苯甲酸时测出的相关参数进行常数修改。

实验结束后，单击菜单“退出 Alt＋T”，返回 Windows 桌面，关机。关机的顺序为：关电脑主机、控箱电源、打印机电源。

注意事项

1. 用电子分析天平称量样品要准确，防止称量过的样品再造成损失。

2. 在压样时，力度要适当，不可将样品压得过于结实而无法燃烧。

3. 安装到两电极上的引火铬镍丝与电极的接触要牢固，以免由于电阻过大而使样品无法燃烧。

4. 安装到两电极上的引火铬镍丝只能与样品接触，不能与燃烧皿接触。

数据记录与处理

1. 数据记录

室温/℃：________　苯甲酸质量/g：________　铬镍丝质量/g：________

　　　　　　　　　萘的质量/g：________　铬镍丝质量/g：________

列表记录温度数据。

2. 数据处理

实验温度/℃：______剩余铬镍丝质量/g：______作温度-时间曲线求 ΔT：______

3. 根据实验数据计算萘的 ΔH_c，并与文献值 [ΔH_c(298.2K)＝－5153.8kJ・mol^{-1}] 比较，计算相对误差。

思考题

1. 为何氧弹充气前后，要用电表检查通路情况？

2. 实验步骤中，当取下剩余的铬镍丝进行称量时，会发现铬镍丝或燃烧皿有小圆粒，这些小圆粒是否需要称量？

3. 按热力学对研究系统的划分方法，本实验的体系与环境如何划分？体系和环境之间的热交换通过哪些途径进行？热交换对温差测量结果有何影响？

4. 卡计在设计上采取哪些措施来保证温差测量的准确？在实验数据处理时，ΔT 的量取对结果的误差有明显的影响，为何 ΔT 的测量要按原理部分的要求进行？

5. 气体钢瓶的颜色表示什么意思？安全使用气体钢瓶及减压器时，应注意哪些规则？

6. 为什么 3000mL 水要准确量取、量热计的水桶要在每次测量前擦干、将水倒入水桶时水不能外溅？

实验二

液体饱和蒸气压的测定

实验目的

1. 了解静态法测定液体饱和蒸气压的基本原理及方法。

2. 用静态法测定不同温度下环己烷的饱和蒸气压，利用克劳修斯-克拉贝龙方程求算环己烷的平均摩尔汽化热。

3. 了解真空系统的设计、安装和操作的基本方法。

4. 掌握水浴恒温原理和操作方法。

实验原理

在一定温度下的封闭系统中，液体与其气相达平衡，此时，系统的压力就是该温度下液体的饱和蒸气压 p_s，对于纯液体，其饱和蒸气压与温度、摩尔汽化热 $\Delta_{vap}H_m$ 的关系可用克劳修斯-克拉贝龙方程表示：

$$\lg p_s = -\frac{\Delta_{vap}H_m}{2.303RT} + C \tag{4-6}$$

式中，C 为积分常数。由式(4-6) 可知，对于服从式(4-6) 的液体，测定液体在不同温度下的饱和蒸气压，可以求出所测温度范围内液体的平均摩尔汽化热 $\Delta_{vap}H_m$，同时，根据正常沸点的定义，可求出该液体的正常沸点。

液体饱和蒸气压的测定方法主要有饱和气流法、静态法和动态法三种，静态法是在某一温度下，直接测量饱和蒸气压。测量的方法是调节外压与液体蒸气压相等。该法主要用于蒸气压较大的液体。

本实验采用静态法测量环己烷的饱和蒸气压，所用仪器装置如图 4-4 所示。

一定温度下，图 4-4 中平衡管的小球 A 中装有待测液体，D 和 C 段的密封液也是待测液体。当 A 球的液面上（AC 段）的蒸气纯粹为待测液体的蒸气，并且 B 管和 E 管（或 D 管和 C 管）的液面处于同一水平时，C 管液面上的饱和蒸气压（待测液体的饱和蒸气压）与 D 管液面上的外压相等，通过测量 D 管液面上的压力就可测出待测液体的饱和蒸气压。D 管液面上的蒸气压力与大气压力的差值 Δp（读数为负值）可直接由数字压力计读出。液体的饱和蒸气压 p_s 为：

$$p_s = p_{大气} + \Delta p \tag{4-7}$$

仪器与试剂

1. 仪器

静态法测液体的饱和蒸气压装置一套。

2. 试剂

环己烷（AR）。

实验步骤

1. 测量室内温度及大气压

实验前、中、后各读一次。

2. 检查系统的气密性

打开装置的电源和气路开关，再打开数字压力计开关和图 4-4 装置中的 6（平衡阀门 1），使系统与大气相通，对数字压力计采零。然后，关闭 6（平衡阀 1），调节三通活塞接通大气后，接通真空泵电源，待真空泵正常工作 2～3min 后，把三通活塞转到系统中进行抽气，使系统缓慢减压，此时数字压力计上的压差负值增大，当达到约 −70kPa 时，关闭 5（平衡阀 2），1min 内若数字压力计上的数字没有变化，说明系统不漏气。

3. 排除空气

接通冷凝水，开动搅拌器并打开 5（平衡阀 2），使液体沸腾后，注意调节 5，维持液体平稳地沸腾 3～5min，以除去平衡管 AC 段间的空气及溶解在待测液体中的空气（注意控制好平衡阀 1 或平衡阀 2，使液体缓慢沸腾，气泡从 D 管液体中一个个连续冒出，液体不冲出 F 球为宜）。

4. 液体饱和蒸气压的测定

排完平衡管 AC 段间的空气后，关闭 5（平衡阀 2），微微打开 6（平衡阀 1）操作要谨慎，以防止空气倒灌入平衡管 AC 段间［若发生空气倒灌现象，须重新打开平衡阀 2 排空气（即重复操作 3）］。当 B、E 两液面趋于水平时，关闭 6（平衡阀 1），待两液面水平且稳定时，立即记下恒温槽和压力计上的读数。重复三次至读数接近相同为止。

打开加热器（“强加热”挡），在智能数字恒温控制器上设定好所需温度（每次升温 5℃），调节回差至 0.1，当恒温水浴温度逐渐升高接近设定位置时，将加热器从“强加热”挡改为“弱加热”挡，在达到设定温度后测定数据。重复上述操作，共测 6 组数据。

实验完毕，打开平衡阀 1，将系统与大气相通后，旋三通活塞使真空泵与大气相通。

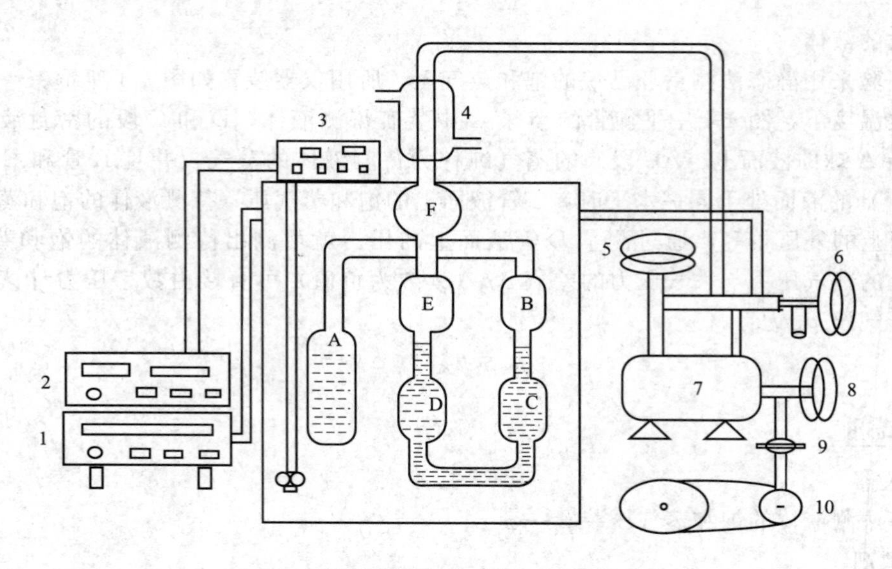

图 4-4 静态法测定纯液体饱和蒸气压装置

1—SWQ 智能数字恒温控制器；2—DP-A 精密数字压力计；3—玻璃恒温水浴加热控制器；4—冷凝管；5—平衡阀 2；6—平衡阀 1；7—缓冲储气罐；8—进气阀；9—三通活塞；10—真空泵

注意事项

1. 平衡管必须放置于恒温水浴的水面以下，否则其温度与水浴温度不同。

2. 不宜在加热水浴时检漏气，因加热时蒸气压变化使 Δp 不稳定，本实验中若系统有很小的漏气对结果影响不大。

3. 实验过程中，必须充分排净弯管内的全部空气。

4. 抽气速率要合适，防止平衡管内液体沸腾过剧烈，致使管内液体快速蒸发。

5. 放气速率要慢，防止空气倒流入体系中，若有倒气则要重新抽排空气。

数据记录与处理

1. 按下列表格记录和处理数据

室温 t/℃：______ 大气压 $p_{大气}$/kPa：前____ 中____ 后____

温度			压差	环己烷的饱和蒸气压	
t/℃	T/K	$(1/T)/K^{-1}$	Δp/kPa	p_s/kPa	$\lg p_s$

2. 根据 1 中表格数据绘出 p_s-T 和 $\lg p_s$-$1/T$ 图，从 $\lg p_s$-$1/T$ 直线斜率求出环己烷的平均摩尔汽化热 $\Delta_{vap}H_m$ 和正常沸点，并与手册值［$\Delta_{vap}H_m$（25℃）＝33.037kJ·mol^{-1}，

$t_b=80.7℃$] 对比，计算相对误差。给出环己烷饱和蒸气压的对数 $\log p_s$ 与温度 T 的关系式。

思考题

1. 为什么本实验测得的汽化热只是平均摩尔汽化热？
2. 为什么开或关泵之前，三通活塞要先接通大气？
3. 为什么使系统与大气相通后，才对数字压力计采零？
4. 若 AC 段空气未排净，或平衡阀 1 开得过大，发生空气倒灌现象，对实验结果有何影响？
5. 若平衡阀 2 开得过大，会产生什么现象？
6. 对 D、C 管内的液体量有什么要求吗？这对测量结果是否有影响？
7. 本实验的关键操作是什么？主要误差来源是什么？

实验三 溶解热的测定

实验目的

1. 掌握采用电热补偿法测定热效应的基本原理。
2. 用电热补偿法测定硝酸钾在水中的积分溶解热，并用作图法求出硝酸钾在水中的微分溶解热、积分稀释热和微分稀释热。
3. 掌握溶解热测定仪器的使用。

实验原理

物质溶解过程所产生的热效应称为溶解热，可分为积分溶解热和微分溶解热两种。积分溶解热是指定温定压下把 1mol 物质溶解在 n_0 mol 溶剂中时所产生的热效应。由于在溶解过程中溶液浓度不断改变，因此又称为变浓溶解热，以 $\Delta_{sol}H$ 表示。微分溶解热是指在定温定压下把 1mol 物质溶解在无限量某一定浓度溶液中所产生的热效应。在溶解过程中溶剂浓度可视为不变，因此又称为定浓度溶解热，以 $\left(\frac{\partial \Delta_{sol}H}{\partial n}\right)_{T,p,n_0}$ 表示，即定温、定压、定溶剂状态下，由微小的溶质增量所引起的热量变化。

稀释热是指溶剂添加到溶液中，使溶液稀释过程中的热效应，又称为冲淡热。它也有积分（变浓）稀释热和微分（定浓）稀释热两种。积分稀释热是指在定温定压下把原本含 1mol 溶质和 $n_{0,1}$ mol 溶剂的溶液冲淡到含 $n_{0,2}$ mol 溶剂时的热效应，它为两浓度的积分溶解热之差。微分冲淡热是指将 1mol 溶剂加到某一浓度的无限量溶液中所产生的热效应，以 $\left(\frac{\partial \Delta_{sol}H}{\partial n_0}\right)_{T,p,n}$ 表示，即定温、定压、定溶质状态下，由微小的溶剂增量所引起的热量变化。

积分溶解热的大小与浓度有关，但不具有线性关系。通过实验测定，可绘制出一条积分溶解热 $\Delta_{sol}H$ 与相对于 1mol 溶质的溶剂量 n_0 之间的关系曲线，如图 4-5 所示，其他三种热

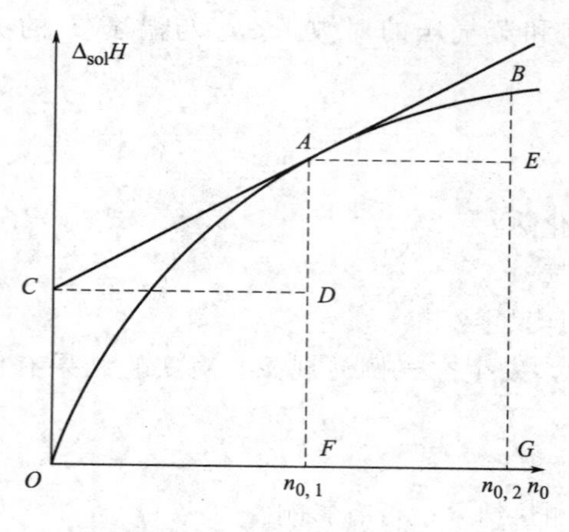

图 4-5　$\Delta_{sol}H$-n_0 的关系曲线

效应由 $\Delta_{sol}H$-n_0 曲线求得。

设纯溶剂、纯溶质的摩尔焓分别为 $H_{m,1}$ 和 $H_{m,2}$，溶液中溶剂和溶质的偏摩尔焓分别为 H_1 和 H_2，对于由 n_1 mol 溶剂和 n_2 mol 溶质组成的体系，在溶质和溶剂未混合前，体系总焓为：

$$H=n_1H_{m,1}+n_2H_{m,2} \tag{4-8}$$

将溶剂和溶质混合后，体系的总焓为：

$$H'=n_1H_1+n_2H_2 \tag{4-9}$$

因此，溶解过程的热效应为：

$$\Delta H=n_1(H_1-H_{m,1})+n_2(H_2-H_{m,2})$$
$$=n_1\Delta H_1+n_2\Delta H_2 \tag{4-10}$$

在无限量溶液中加入 1mol 溶质，式(4-10) 中第一项可以认为不变，在此条件下所产生的热效应为式(4-10) 中第二项中的 ΔH_2，即微分溶解热。同理，在无限量溶液中加入 1mol 溶剂，式(4-10) 中第二项可以认为不变，在此条件下所产生的热效应为式(4-10) 中第一项中的 ΔH_1，即微分稀释热。

根据积分溶解热的定义，有：

$$\Delta_{sol}H=\frac{\Delta H}{n_2} \tag{4-11}$$

将式(4-10) 代入，可得：

$$\Delta_{sol}H=\frac{n_1}{n_2}\Delta H_1+\Delta H_2=n_{0,1}\Delta H_1+\Delta H_2 \tag{4-12}$$

此式表明，在 $\Delta_{sol}H$-n_0 曲线上，对一个指定的 $n_{0,1}$，其微分稀释热为曲线在该点的切线斜率，即图 4-5 中的 AD/CD。$n_{0,1}$处的微分溶解热为该切线在纵坐标上的截距，即图 4-5 中的 OC。

在含有 1mol 溶质的溶液中加入溶剂，使溶液量由 $n_{0,1}$ mol 增加到 $n_{0,2}$ mol，所产生的积分溶解热即为曲线上 $n_{0,1}$ 和 $n_{0,2}$ 两点处 $\Delta_{sol}H$ 的差值。

本实验测硝酸钾溶解在水中的溶解热，是一个溶解过程中温度随反应的进行而降低的吸热反应，故采用电热补偿法测定。实验时先测定体系的起始温度，溶解进行后温度不断降低，由电加热法使体系复原至起始温度，根据所耗电能求出溶解过程中的热效应 Q。

$$Q/\mathrm{J}=I^2Rt=IVt \tag{4-13}$$

式中，I 为通过加热器电阻丝（电阻为 R）的电流强度，A；V 为电阻丝两端所加的电压，V；t 为通电时间，s。

仪器和试剂

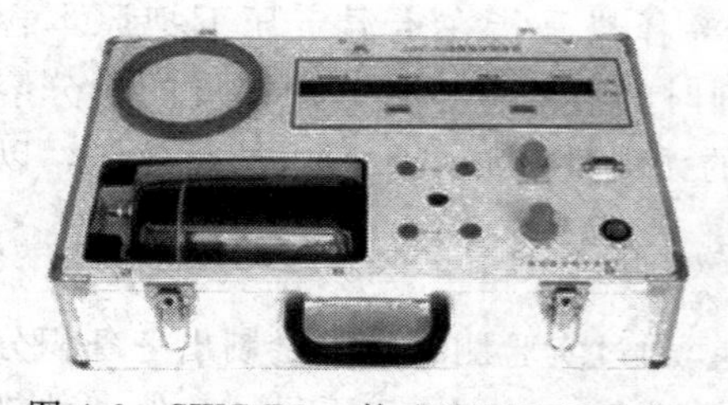

图 4-6　SWC-RJ 一体式溶解热测量装置

1. 仪器

SWC-RJ 一体式溶解热测量装置（如图 4-6），具体参数为：加热功率，0～12.5W 可调；温度/温差分辨率，0.01℃/0.001℃；计时时间范围，0～9999s；输出，RS232C 串行口。

称量瓶 8 只、毛刷 1 个、电子分析天平、台秤。

2. 试剂

硝酸钾固体（AR已经磨细并烘干）。

实验步骤

1. 称样

取8个称量瓶，先称空瓶，再依次加入约为0.5、1.5、2.5、3.0、3.5、4.0、4.5、5.0g的硝酸钾（亦可先去皮后直接称取样品），粗称后至分析天平上准确称量，称完后置于干燥器中。

在台天平上称取216.2g蒸馏水于杜瓦瓶内，放入磁珠，拧紧瓶盖，并放到反应固定架上。

2. 连接装置并测量

如图4-7所示，连接电源线，打开温差仪，记下当前室温。

将“O”型圈套入传感器，调节使传感器浸入蒸馏水约100mm，把传感器探头插入杜瓦瓶中（注意不要与瓶内壁相接触）。按下“状态转换”键，使仪器处于测试状态（即工作状态）。将加热器与恒流电源相连，打开恒流电源，调节电流使加热功率为2.5W，记下电压、电流值。调节“调速”旋钮使搅拌磁珠为实验所需要的转速，注意防止搅拌子与测温探头相碰，以免影响搅拌。

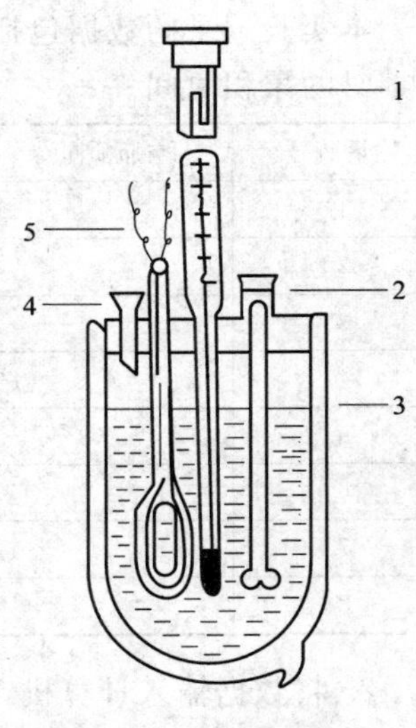

图4-7　量热器示意图

1—贝克曼温度计；2—搅拌器；3—杜瓦瓶；4—加样漏斗；5—加热器

同时观察温差仪测温值，当超过室温约0.5℃时按下“采零”按钮，立刻打开杜瓦瓶的加料口，按编号加入第一份样品（倒在外面的用毛刷刷进杜瓦瓶中），并同时按下“计时”按钮开始计时，如与电脑连接，此刻点击开始绘图。盖好加料口塞，观察温差的变化或软件界面显示的曲线。监视温差仪，等温差值回到零时，记下时间读数。接着，加入第二份样品，以此类推，加完所有的样品。

采零后要迅速开始加入样品，否则升温过快可能使温度回不到负值。加热速度不能太快也不能太慢，要保证温差仪的示数在－0.5℃以上。

3. 实验结束

实验结束后，打开杜瓦瓶盖，检查硝酸钾是否完全溶解，如未完全溶解，要重做实验。倒去杜瓦瓶中的溶液（注意搅拌子），洗净烘干，用蒸馏水洗涤加热器和测温探头。按下“状态转换”键，使仪器处于待机状态。将“加热功率调节”旋钮和“调速”旋钮左旋到底，关闭电源开关，拆去实验装置。

注意事项

1. 实验开始前，插入测温探头时，要注意探头插入的深度，防止搅拌子和测温探头相碰，影响搅拌。另外，实验前要测试转子的转速，以便在实验室选择适当的转速控制挡位。

2. 进行硝酸钾样品的称量时，称量瓶要编号并按顺序放置，以免次序错乱而导致数据错误。另外，固体KNO_3易吸水，称量和加样动作应迅速。

3. 本实验应确保样品完全溶解，因此，在进行硝酸钾固体的称量时，应选择粉末状的硝酸钾。

4. 实验过程中要控制好加样品的速度。

5. 实验是连续进行的，一旦开始加热就必须把所有的测量步骤做完，测量过程中不能关掉各仪器点的电源，也不能停止计时，以免温差零点变动及计时错误。

6. 实验结束后应观察杜瓦瓶中是否有硝酸钾固体残余，若硝酸钾未全部溶解，需重做实验。

数据记录与处理

室温/℃：________　　大气压力/kPa：________

1. 数据记录

本实验记录的数据包括水的质量、8 份样品的质量、加热功率以及加入每份样品后温差归零时的累积时间。

称量瓶号	空瓶质量/g	KNO_3＋瓶/g	剩余瓶重/g	加热功率/W	归零时间/s
1					
2					
3					
4					
5					
6					
7					
8					

2. 将数据输入计算机，计算 $n_水$ 和各次加入的 KNO_3 质量、各次累积加入的 KNO_3 的物质的量。根据功率和时间值计算向杜瓦瓶中累积加入的电能 Q。

$n_水$/mol：____　　$M_{KNO_3}/(g \cdot mol^{-1})$：____

称量瓶号	加入 KNO_3/g	累积 KNO_3/g	累积 n_{KNO_3}/mol	累积电能/kJ
1				
2				
3				
4				
5				
6				
7				
8				

3. 绘制 $\Delta_{sol}H$-n_0 曲线

用以下计算式计算各点的 $\Delta_{sol}H$ 和 n_0：

$$\Delta_{sol}H=\frac{Q}{n_{KNO_3}} \tag{4-14}$$

$$n_0=\frac{n_{H_2O}}{n_{KON_3}} \tag{4-15}$$

瓶号	1	2	3	4	5	6	7	8
$\Delta_{sol}H/(kJ\cdot mol^{-1})$								
n_0/mol								

根据表格中数据绘制 $\Delta_{sol}H$-n_0 关系曲线，并对曲线拟合得曲线方程。

4. 积分熔解热，积分稀释热，微分熔解热，微分稀释热的求算

(1) 将 n_0=80、100、200、300、400 代入 3 中的曲线方程，求出溶液在这几点处的积分溶解热。

(2) 将所得曲线方程对 n_0 求导，将上述几个 n_0 值代入所得的导函数，求出这几个点上的切线斜率，即为溶液 n_0 在这几点处的微分冲淡热。

(3) 利用一元函数的点斜式公式求截距，可得溶液在这几点处的微分溶解热。

(4) 最后，计算溶液 n_0 为 80→100、100→200、200→300、300→400 时的积分冲淡热。

思考题

1. 积分溶解热与哪些因素有关？本实验如何确定与 KNO_3 积分溶解热所对应的温度和浓度？

2. 硝酸钾加入的快慢对实验有无影响？为什么？

3. 磁珠的搅拌速度对实验有无影响？为什么？

4. 实验中使用的硝酸钾若不是十分干燥，对实验结果是否有影响？

实验四

双液系气液平衡相图的绘制

实验目的

1. 绘制恒压下环己烷-乙醇双液系的气-液平衡相图（即沸点-组成图），确定其最低恒沸点及恒沸物的组成。

2. 掌握测定双组分完全互溶液体的沸点的方法。

3. 掌握用折射率确定二元液体组成的方法。

实验原理

根据溶液蒸气压与拉乌尔（Raoult）定律的偏差大小，完全互溶双液系的沸点-组成图（T-x 图）可分为 3 类，如图 4-8 所示。其中，图 4-8(1) 为溶液饱和蒸气压与拉乌尔定律偏差不大的情况，溶液蒸气压和沸点介于 A、B 两纯组分的蒸气压和沸点之间；图 4-8(2)、图 4-8(3) 为溶液蒸气压与拉乌尔定律的偏差较大的情况，在相图上分别出现了最低点和最高点，这些点称为恒沸点。相应的溶液称为恒沸点混合物（简称恒沸物），该混合物气液平衡两相的组成相同。

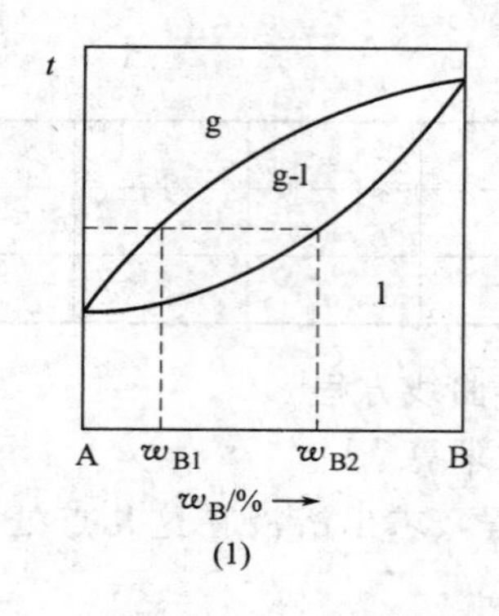

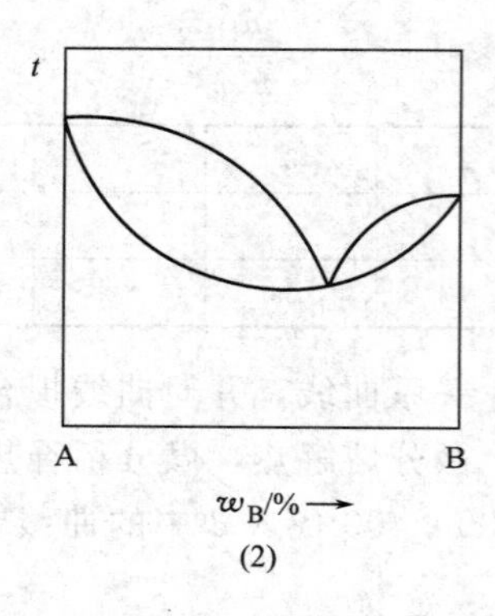

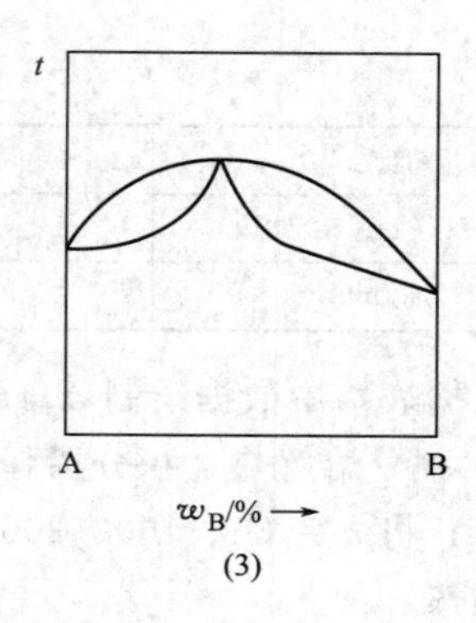

图 4-8　完全互溶双液系气-液平衡相图

由于双液系的沸点与外压和双液系的组成有关，而且气-液平衡后，同一系统点的气相组成与液相组成不同（恒沸点除外）。因此，测定恒压下系统达气-液平衡后的沸点及对应的气相与液相组成即可绘制相图。

一定组成的溶液，经加热沸腾后，蒸气经回流冷凝保持气-液两相平衡时，溶液的沸点不变。此时，读出溶液的沸点，同时分别取出气相和液相样品，测定两相组成后，用同样的方法可测得其他溶液组成时相应的沸点及平衡气、液两相组成。将测定的若干组数据在坐标上作图，可得到若干气相点和液相点，再分别将气相点和液相点连成气相线和液相线，得到沸点-组成图。

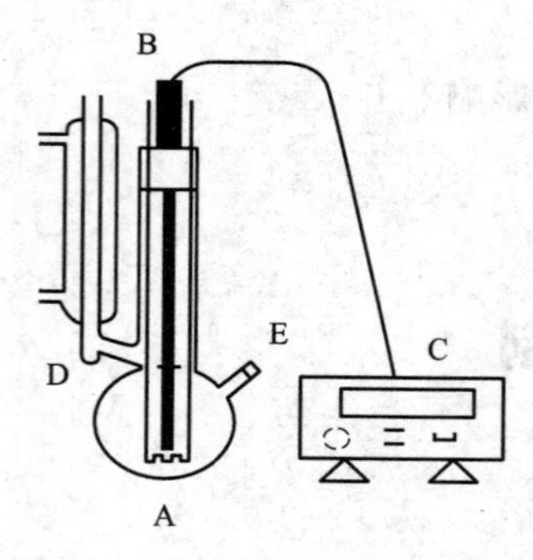

图 4-9　沸点仪

双液系沸点的测定可采用如图 4-9 所示的沸点仪。恒压下，将双液系溶液在沸点仪内进行蒸馏，测定气-液两相平衡时的温度，即为该双液系溶液的沸点。为了测定平衡时气相和液相的组成，需要将双液系溶液在加热过程中所产生的蒸气经冷凝变成气相冷凝液（馏出物），并保留少量在小球 D 中（为避免气相分馏以获得准确的沸点和气-液两相组成，小球 D 的体积应尽可能小）。

气相和液相组成采用折光仪测定。液态物质的折射率与物质的浓度和温度有关。一定温度下，双液系的折射率随其组成改变而改变。因此，配制一系列已知组成的标准溶液，测定其折射率，作出折射率-组成工作曲线。在相同温度下，测定待测液体样品的折射率后，在工作曲线上可查出该样品的组成。

本实验在大气压下，通过对环己烷-乙醇双液系的沸点和平衡气液相组成的测定，绘制环己烷-乙醇双液系的沸点-组成图。

仪器与试剂

1. 仪器

沸点仪、阿贝折光仪、调压变压器、精密数字温度计、移液管（20mL、10mL、1mL）各 1 支、具塞玻璃试管（5mL10 只）、磨口小试剂瓶（50mL）6 个、滴管（10 支）。

2. 试剂

环己烷（AR）、无水乙醇（AR）、丙酮（AR）。

实验步骤

1. 记录实验条件

读取室内温度及大气压（实验前后各读一次，取其平均值）。

2. 标准溶液的配制及其折射率的测定

按表 4-1 要求准确配制标准溶液，用阿贝折光仪测定各溶液的折射率 n，每个溶液测 2 次，两次读数相差不超过±0.0002，然后取其平均值。

表 4-1　标准溶液的配制

乙醇体积 V/mL	0	2.0	4.0	6.0	8.0	10.0
环己烷体积 V/mL	10.0	8.0	6.0	4.0	2.0	0
折射率/n_1						
折射率/n_2						
折射率/n(平均)						

3. 安装沸点仪

将干燥的沸点仪按图 4-9 安装好，检查测温探头的胶塞是否塞紧，加热用的电炉丝尽量靠近容器底部中间，测温探头离开电炉丝 1cm 左右，接通冷凝水。

4. 不同组成双液系的沸点及平衡气-液相折射率的测定

（1）用移液管移取 20mL 环己烷从支管 E 加入沸点仪中。

（2）插上电源，调节调压变压器电压至 15～20V（电压不能过高，否则液体沸腾过于剧烈，甚至有着火危险）。当液体沸腾后，再调低电压，使冷凝管中回流蒸气柱的高度在 2～3cm。在沸腾过程中，不断观察数字温度计，当数字温度计上的温度读数稳定 3～5min，表明气-液两相达到热平衡，记下温度计读数，该温度即为环己烷的沸点。

（3）切断电源，待液体冷却（可用大烧杯盛自来水套在沸点仪底部对其冷却）至室温后，先用短干燥滴管从支管 E 吸取盛液容器 A 内的溶液约 1mL，放入一只干燥的具塞小试管中，塞好塞子。再用长干燥滴管自冷凝管口伸入小球 D 中，吸取气相冷凝液并尽可能吸完，放入另一只干燥的具塞小试管中，塞好塞子。在阿贝折光仪上分别测定气、液两相的折射率，每份样品重复测 2 次，两次的读数相差不能大于±0.0002，取平均值。

（4）参照表 4-2，用移液管移取 0.7mL 乙醇加入上述取样后的剩余溶液中，按（2）、（3）所述步骤测定改变组成后的双液系的沸点和气、液两相的折射率。再依次用移液管移取 0.6mL、5.0mL、9.0mL 乙醇加入沸点仪中，重复（2）、（3）操作。

表 4-2　环己烷-乙醇双液系的配制及其沸点和组成

序号	1	2	3	4	5	6	7	8	9	10
环己烷/mL	20.0					0	1.2	2.0	4.0	7.0
乙醇/mL	0	0.7	0.6	5.0	9.0	20.0				
沸点/℃										
折射率/n_1										
折射率/n_2										

（5）将沸点仪中的溶液倒回试剂回收瓶，然后加 20mL 乙醇于沸点仪中，测定其沸点和相应气、液两相折射率。再依次加入 1.2mL、2.0mL、4.0mL、7.0mL 环己烷，按（2）、（3）所述步骤进行测定。

注意事项

1. 记录大气压。

2. 绝对不要用水清洗沸点仪、滴管、移液管、玻璃试管等。

3. 移液管、滴管、玻璃试管要干燥。

4. 实验前要检查所用的环己烷和乙醇是否为分析纯（AR），同时实验过程中分析纯（AR）的环己烷和乙醇不要与回收液放在一起，以免误用。

5. 测折射率前必须用丙酮对折光仪进行清洗。

6. 实验结束后将沸点仪中的剩余溶液倒入回收瓶中。

数据记录与处理

1. 按表 4-1 数据并参照附录中液体密度，计算标准溶液的组成 w_B，作 n-w_B 工作曲线。

2. 根据实验中测得的气相、液相折射率，从工作曲线上查出相应组成，并填入表 4-2 中。

3. 作沸点-组成图，并从图中查出相应的恒沸点及恒沸物组成。

4. 将恒沸点校正为正常恒沸点，并与文献值（正常恒沸点为 64.9℃；恒沸物组成 $w_B=30.5\%$）进行比较，求出实验相对误差。

沸点的压力校正公式：

$$T^*=T+\frac{T}{10}\left(1-\frac{p}{101325}\right)$$

式中，T^* 是溶液在压力为 101.325kPa 时的沸点（正常沸点），K；T 是实验的大气压下所测沸点，K；p 是实验时的大气压，Pa。

思考题

1. 测沸点时量取环己烷和乙醇的体积准确与否对实验结果有无影响？为什么？

2. 沸点仪中小球 D 的体积过大或过小对测量结果有何影响？

3. 如何判断气-液两相已达到平衡？

4. 实验过程中，可否用两台折光仪分别测定气相和液相样品的折射率？

5. 以下不当操作，对实验结果有何影响？

① 调压变压器电压过大（大于 20V）；

② 忘记开冷凝水；

③ 盛液的小试管及吸液的小滴管没有干燥；

④ 溶液沸腾后，精密数字温度计的数字未稳定就取样；

⑤ 样品未冷却至室温就测折射率；

⑥ 取样品到小试管后未塞上塞子，使样品挥发。

实验五

凝固点降低法测摩尔质量

实验目的

1. 用凝固点降低法测定尿素的摩尔质量。

2. 通过实验掌握凝固点降低法测定摩尔质量的原理，加深对稀溶液依数性质的理解。

实验原理

稀溶液具有依数性，凝固点降低是依数性的一种表现。稀溶液的凝固点降低与溶液成分关系的公式为：

$$\Delta T_f = T_f^* - T_f = \frac{R(T_f^*)^2}{\Delta_f H_m(A)} \cdot x_b = \frac{R(T_f^*)^2}{\Delta_f H_m(A)} \times \frac{n_B}{n_A + n_B} \approx \frac{R(T_f^*)^2}{\Delta_f H_m(A)} \times M_A \times b_B = K_f b_B \tag{4-16}$$

式中，ΔT_f 为凝固点降低值；T_f^* 为纯溶剂 A 的凝固点；$\Delta_f H_m(A)$ 为纯溶剂 A 的摩尔凝固热；x_b 为溶液中溶质的摩尔分数；M_A 为溶剂 A 的摩尔质量；b_B 为溶质的质量摩尔浓度，是指每 1kg 溶剂中所含溶质的物质的量，单位为 $mol \cdot kg^{-1}$；K_f 为质量摩尔凝固点降低常数，其数值只与溶剂的性质有关，单位为 $K \cdot kg \cdot mol^{-1}$，部分溶剂的常数值见表 4-3。

表 4-3　部分溶剂的凝固点和 K_f 常数值

溶剂	水	醋酸	苯	环己烷	环己醇
纯溶剂凝固点 T_f^*/K	273.15	289.75	278.65	279.65	297.05
凝固点降低常数 K_f/$K \cdot kg \cdot mol^{-1}$	1.86	3.90	5.12	20.2	39.3

若已知某种溶剂的凝固点降低常数 K_f，并测得该溶液的凝固点降低值，以及溶剂和溶质的质量 W_A、W_B，就可以由式(4-16) 推导出溶质 B 的摩尔质量计算式：

$$M_B = \frac{K_f W_B}{\Delta T_f W_A} \tag{4-17}$$

纯溶剂的凝固点是其液-固共存的平衡温度。将纯溶剂逐步冷却时，在未凝固之前温度将随时间均匀下降，开始凝固后由于放出凝固热而补偿了热损失，体系将保持液-固两相共存的平衡温度不变，直到全部凝固，再继续均匀下降［见图 4-10(a)］。但在实际过程中经常发生过冷现象，其冷却曲线如图 4-10(b) 所示。对溶液来说除温度外，尚有溶液的浓度问题。与凝固点相应的溶液浓度，应该是平衡浓度，当有溶剂凝固析出时，剩下溶液的浓度逐渐增大，因而溶液的凝固点也逐渐下降［见图 4-10(c)］，考虑到溶剂较多，通过控制过冷程度，使析出的晶体减少，就可以以过冷回升的温度作凝固点，用起始浓度代替平衡浓度，一般不会产生大的误差，见图 4-10(d)。如果过冷太甚，凝固的溶剂过多，溶液的浓度变化过大，则出现图 4-10(e) 的情况，这样就会使凝固点的测定结果偏低，但可采用外推法进行校正，如图 4-10(f)。

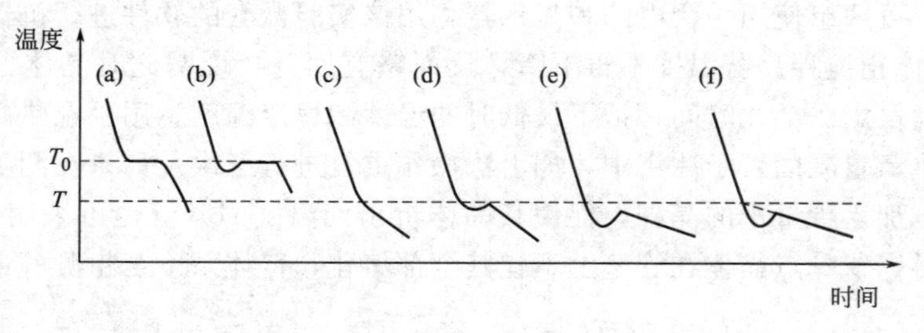

图 4-10　冷却曲线图

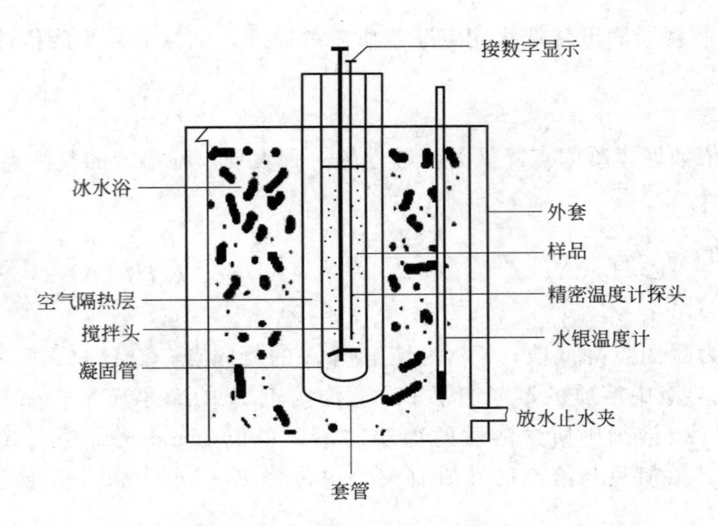

图 4-11　凝固点降低实验装置图

仪器与试剂

1. 仪器

凝固点测定仪、精密电子温差测量仪、电子天平。

2. 试剂

移液管（50mL）、尿素、粗盐、冰。

实验步骤

1. 准备装置和冷浴

按图 4-11 将凝固点测定装置安装、摆放好，并插好精密电子温差计的感温探头，注意插入的深度要留有一点余地，以免将玻璃管捅破。冰水浴槽中装入三分之二的冰和三分之一的水，取适量粗盐与冰水混合，使冷浴温度达到－3～－2℃，将精密电子温差计采零、锁定，将定时时间间隔设为 10s。

2. 纯溶剂水的凝固点测定

测定纯溶剂水的凝固点。抽出数显贝克曼温度计的感温探头（留心记下插入的深度记号），用移液管取 50mL 纯水加入口径小些的内凝固管中（在它的外围已套有一个空气套管），将装有内管的外管直接浸入冰浴中，插回精密电子温差计的感温探头。开启搅拌按钮、开启精密电子温差计的电源和读数按钮，降温、控制冷却速度，选择恰当的时刻开始计时读数（如有条件，可两组使用一台电脑和显示器，用该实验配套的软件进行机器自动读数和生成图形），不要停止搅拌。若温度不再下降，反而略有回升，说明此时晶体已开始析出，直到温度升至最高恒定一会儿时间，记下最低时的温度和恒定温度。用手温热凝固管，使水晶体全部熔化，重新置凝固管于冰浴中，如上法操作重复进行三次。如果在测量过程中过冷现象比较严重，可加入少量水的晶种，促使其晶体析出，温度回升（也可采用留晶种的方法，即在晶体熔化时，留一点晶体在管壁上不让其全部熔化，待体系冷至粗测的最低温度时，再将其拨下）。

3. 溶液的凝固点测定

用分析天平和指定的硫酸纸准确称取尿素（约 0.2g），投入凝固管内，用玻璃棒捣碎、搅拌，使其溶解。用上法测定溶液的凝固点，重复测定三次。

注意事项

1. 控制过冷过程和搅拌速度。

2. 冰水混合物不要积累得太多而从上面溢出。

3. 高温、高湿季节不宜做此实验，因为水蒸气易进入体系中，造成测量结果偏低。

4. 不要使水在管壁结成块状晶体，较简便的方法是将外套管从冰浴中交替地（速度较快）取出和浸入。

数据记录与处理

1. 将实验所需和测得的数据列入下表中。

室温/℃：________　　大气压/kPa：________

纯水体积	50mL	纯水温度		纯水密度	$kg \cdot m^{-3}$
实验编号	质量/g	凝固点			
		1	2	3	平均
溶剂					
尿素 1#					
尿素 2#					

2. 数据处理

(1) 用$\rho_t/(g \cdot cm^{-3}) = 0.7971 - 0.8879 \times 10^{-3} t/℃$计算室温 t 时水的密度，然后算出所取的水的质量 W_A。

(2) 由测定的纯溶剂、溶液凝固点 T_f^*、T_f，根据式(4-17) 计算尿素的摩尔质量。

思考题

1. 在冷却过程中，凝固点管内液体有哪些热交换存在？它们对凝固点的测定有何影响？

2. 为什么要用空气夹套？

3. 当溶质在溶液中有离解、缔合以及络合物生产的情况下对分子量的测定值有何影响？

实验拓展

K_f 值和 M_B 值的测定：配置一系列不同 b_B 的稀溶液，测定一系列 ΔT_f 值，代入式(4-16) 或式(4-17)，计算出一系列 K_f，然后作 K_f-b_B 图。外推至 $b_B=0$ 的纵坐标对应的值就是准确的 K_f 值。反过来，若已知 K_f，则测定了 ΔT_f 就可求出溶质的摩尔质量。

也可由四个以上的实测值 ΔT_f 算出 M_B，然后再作 M_B 对 b_B 的图，外推至 $b_B=0$ 对应的纵坐标就为 M_B的准确值。还可配制一系列不同浓度 c_B 的稀溶液（c_B 的单位为 $kg \cdot m^{-3}$），测定该稀溶液的渗透压 Π（适当测定高分子化合物的平均摩尔质量），用 Π/c_B 对 c_B 作图得一直线，将直线外推到 $c_B=0$ 的那个纵坐标就是 M_B。

沸点升高常数 K_b 的测定类同 K_f 的测定。

$$\Delta T_b=\frac{R(T_b^*)^2}{\Delta_{vap}H_m(A)}M_A b_B$$

实验六

差热分析

实验目的

1. 用差热分析仪对 $CuSO_4 \cdot 5H_2O$ 和 KNO_3 进行差热分析，解读差热谱图。

2. 掌握差热分析的原理及方法，了解差热分析仪的结构，学会操作。

实验原理

热分析是在程序控温下，测量物质的物理性质与温度的关系的一种技术。物质在加热或冷却过程中，随着物质的结构、相态和化学性质的变化都伴随有相应的物理性质（质量、温度、尺寸、声、光、热、力、电、磁等）的变化。因此，热分析方法的种类较多，但应用最广的技术为热重法（TG）、差热分析（DTA）和差示扫描量热法（DSC）。热分析主要用于研究物理变化（晶型转变、熔融、升华和吸附等）和化学变化（脱水、分解、氧化和还原等）。热分析不仅提供热力学参数，而且还可提供有一定参考价值的动力学数据。因此，热分析在材料的研究和选择上、在热力学和动力学的理论研究上是一种重要的分析手段。广泛用于无机和有机化学、高聚物、冶金、地质、陶瓷、石油、煤炭、生物化学、医药、环保、考古和食品等领域，进行物质成分分析，物质热稳定性、抗氧化性等性质的测定，环境监测和化学反应的研究，以及材料力学性质的测定等。表 4-4 给出热重法、差热分析和差示扫描量热法的比较。

表 4-4　热重、差热分析和差示扫描量热法的比较

热分析技术名称	热重(TG)	差热分析(DTA)	差示扫描量热(DSC)
测量内容	物质质量与温度的关系(热重曲线)	物质和参比物的温度差与温度的关系(差热曲线)	物质热焓变化与温度的关系(DSC 曲线)
从测量中获得的信息	试样组成、热稳定性、热分解温度、热分解产物和分解动力学	物质相变或相态结构变化温度、化学反应特征温度	热焓、比热容

本实验用差热分析技术研究 $CuSO_4 \cdot 5H_2O$ 脱水过程并测定 KNO_3 在空气中分解反应的焓变。

1. 差热分析仪的基本原理

差热分析仪的原理图如图 4-12 所示，处在加热和均热块内的试样和参比物（在测量条件下不产生任何热效应的材料）在相同的条件下加热或冷却。炉温的程序控制由控温热电偶监控。试样和参比物之间的温差通常用以相反方向串联起来的两支同类型热电偶测定。热电偶的两个接点分别与装有试样和参比物的坩埚底部接触，或分别直接插入试样和参比物中。热电偶冷端按线路接信号放大器，由于热电偶的电动势与试样和参比物之间的温差成正比，温差电动势经放大后由记录装置直接把试样和参比物之间的温差（ΔT）记录下来，记录装

置也同步记录试样的温度，获得差热分析曲线（ΔT-T 曲线）。

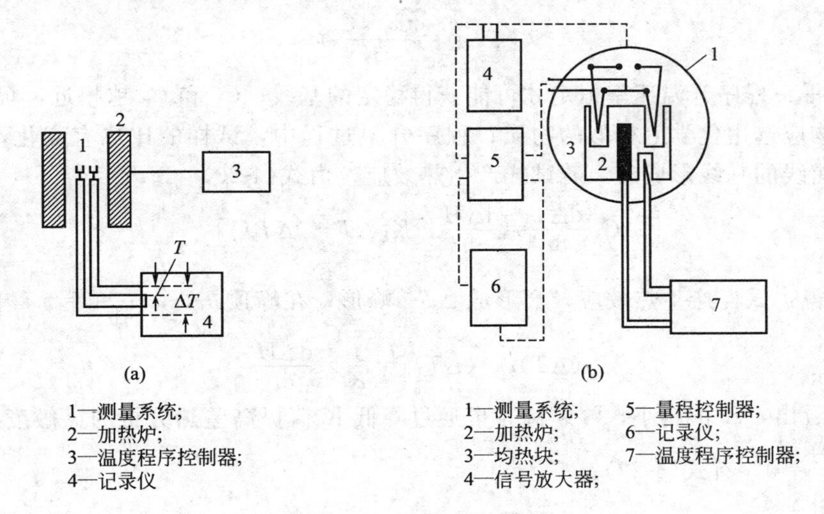

图 4-12　DTA 原理图

试样和参比物在系统的条件下加热和冷却，若试样不产生任何热效应，试样温度 T_s 与参比物温度 T_r 相等（$\Delta T=T_s-T_r=0$），两支热电偶所产生的热电势互相抵消，记录装置不指示任何差示电动势，若试样产生吸热或放热效应，试样温度 T_s 与参比物温度 T_r 不相等（$\Delta T=T_s-T_r\neq 0$），差示电动势小于或大于零，记录装置记录下 $\Delta T=f(T)$ 的差热曲线。本实验使用 CDR-1 型差动热分析仪进行测定，其工作原理如图 4-13 所示。

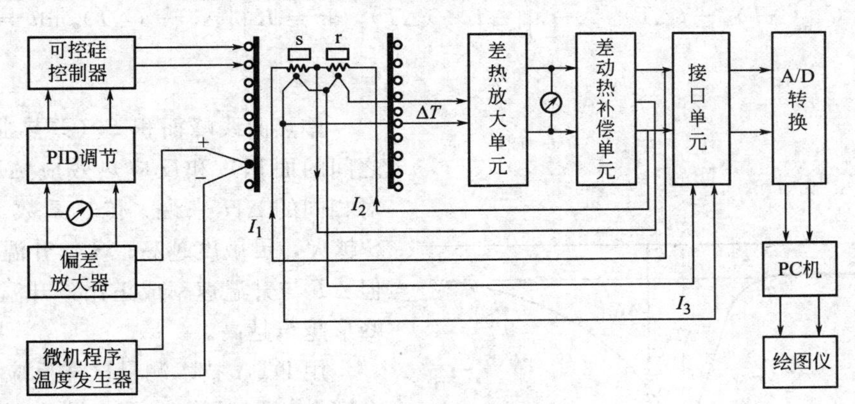

图 4-13　整机工作原理图

2. 差热曲线方程

差热分析时，试样（s）和参比物（r）分别放置于加热的金属块（w）中，使它们处于相同的加热条件下。设①试样和参比物的温度分布均匀，试样和试样容器的温度也相等；②试样及参比物的热容 C_s 和 C_r 不随温度变化；③试样和参比物与金属块之间的热传导和温差成正比，比例常数（传热系数）K 与温度无关。

图 4-14 给出 DTA 吸热转变曲线，图中，$0\sim a$ 之间是差热曲线形成过程，该过程的 ΔT 变化可用方程式(4-18) 描述：

$$\Delta T=\frac{C_r-C_s}{K}\phi\left[1-\exp\left(-\frac{K}{C_s}t\right)\right] \tag{4-18}$$

基线位置 $(\Delta T)_a$ 为：

$$(\Delta T)_a=\frac{C_r-C_s}{K}\phi \tag{4-19}$$

由式(4-19) 得：程序升温速率恒定才可能获得稳定的基线；C_s 和 C_r 越相近，$(\Delta T)_a$ 越小，试样与参比物应选用化学上相似的物质；程序升温过程中，试样的比热有变化，$(\Delta T)_a$ 也变化；差热曲线的基线形成后，若试样产生热效应，由式(4-20)

$$C_s\frac{\mathrm{d}\Delta T}{\mathrm{d}t}=\frac{\mathrm{d}\Delta H}{\mathrm{d}t}-K[\Delta T-(\Delta T)_a] \tag{4-20}$$

由式(4-20) 得：试样产生热效应，会形成 ΔT-t 峰形；在峰顶 b 处，$\frac{\mathrm{d}\Delta T}{\mathrm{d}t}=0$，有式(4-21)

$$(\Delta T)_b-(\Delta T)_a=\frac{1}{K}\times\frac{\mathrm{d}\Delta H}{\mathrm{d}t} \tag{4-21}$$

从式(4-21) 看出，K 值越小，峰越高，可通过降低 K 值提高差热分析的灵敏度；在反应终点 c 处，$\frac{\mathrm{d}\Delta H}{\mathrm{d}t}=0$，有式(4-22)：

$$C_s\frac{\mathrm{d}\Delta T}{\mathrm{d}t}=-K[\Delta T-(\Delta T)_a] \tag{4-22}$$

将式(4-22) 积分得：$(\Delta T)_c-(\Delta T)_a=\exp\left(-\frac{K}{C_s}t\right)$

从反应终点 c 往后，ΔT 将按指数函数衰减返回基线。

将式(4-20)积分有：

$$\Delta H=C_s[(\Delta T)_c-(\Delta T)_a]+K\int_a^c[\Delta T-(\Delta T)_a]\mathrm{d}t=K\int_a^\infty[\Delta T-(\Delta T)_a]\mathrm{d}t=KS \tag{4-23}$$

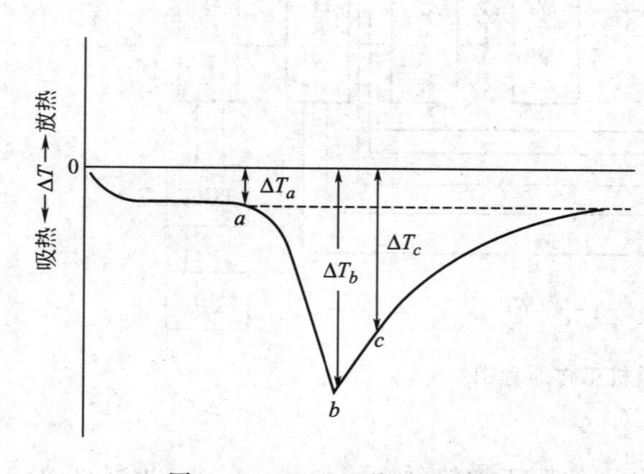

图 4-14　DTA 吸热转变曲线

差热曲线峰面积 S（差热曲线和基线之间的面积）和反应热效应 ΔH 成正比；对相同的 ΔH 来说，传热系数 K 值越小，S 越大，灵敏度越高；S 与升温速率无关，但 ΔT 与升温速率成正比，升温速率越大，峰形越窄越高。

用 DTA 技术测量试样反应的热效应，在完全相同的条件下，测定已知热效应 (ΔH_d) 的标准物和试样的 DTA 曲线，由式(4-23) 得：$\Delta H_s=\Delta H_d\frac{S_s}{S_d}$，通过测量定量物质和标准物的 DTA 曲线的峰面积，可求出试样的热效应。本实验以 Sn 为标准物（熔化热为 $8.381\mathrm{kJ}\cdot\mathrm{mol}^{-1}$）测定 KNO_3 分解反应的热效应。

3. 差热谱图

图 4-15 是理想条件下的差热谱图，在谱图中有两条曲线，其中曲线 T 为温度线，它表明参比物温度随时间变化的情况。曲线 D 为差热线，它反映样品与参比物间的温差与时间或温度的关系。

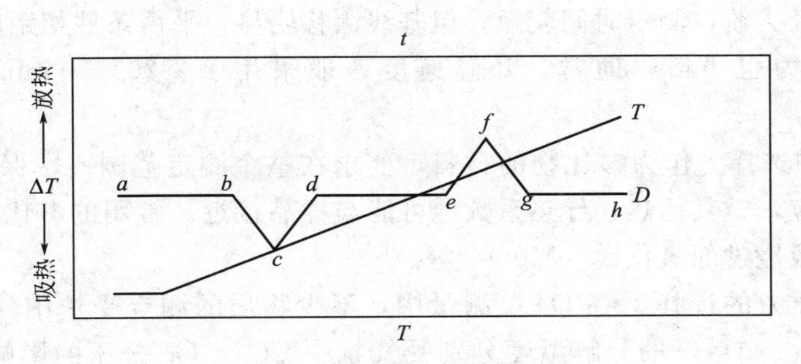

图 4-15　理想的差热分析曲线

从差热谱图上可以看到差热峰的数目、位置、方向、宽度、对称性以及峰面积。峰的数目显然就是在测定范围内，待测样品发生变化的次数；峰的位置标志样品发生转化的温度范围，峰的起始温度是特征反应温度；峰的方向表明热效应性质，峰面积则是热效应大小的反映。

差热峰的位置和峰面积的确定如图 4-16 所示，在图 4-16(a) 中，若温度线与差热线的记录完全同步，通过峰的起点 a、顶点 b 和终点 c，分别作三条垂直线与温度线相交，交点对应的温度 T_a、T_b 和 T_c 分别为峰的起始点、峰点及终点温度；若温度线与差热线的记录不同步，测温度笔和差热笔的笔距，将三条垂直线逆记录走纸方向平移相当于笔距的距离，使三条垂直线与温度线相交，交点对应的温度 T_a、T_b 和 T_c 分别为峰的起始点、峰点及终点温度。

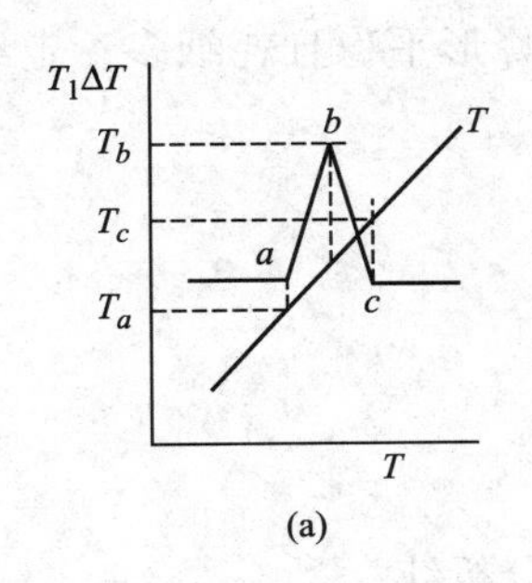

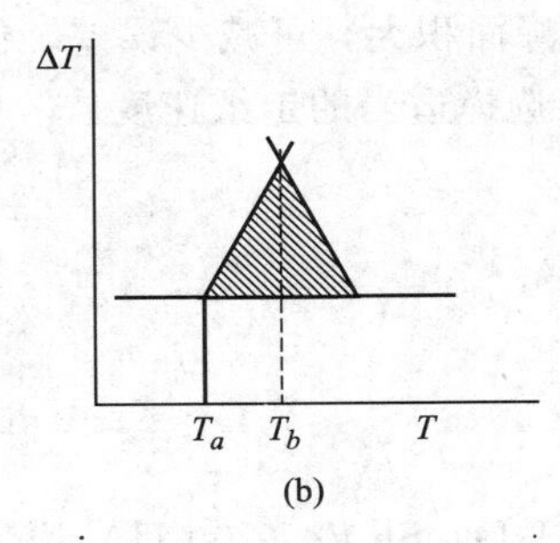

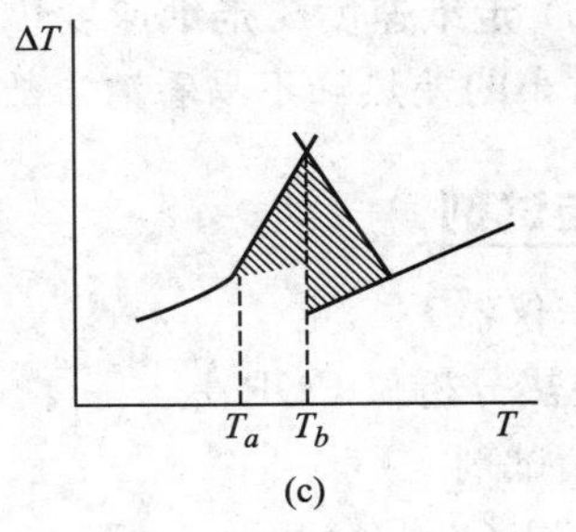

图 4-16　差热峰的位置

在实际测定中，由于样品与参比物间往往存在着比热、导热系数、粒度、装填疏密程度等方面的差异及样品的密度变化，导致差热线发生漂移，其基线不再平行于时间轴，峰的前后基线也不在一条直线上，差热峰可能比较平坦，使 a、b、c 三个转折点不明显，这时可以通过作切线的方法确定转折点［图 4-16(c)］。

峰面积的确定如图 4-16(b) 和图 4-16(c) 所示，峰面积的求算可用数毫米方格法、剪纸称重法，求积仪法和计算机法，本实验采用剪纸称重法求算峰面积。

4. 测量条件的选择

影响差热曲线有许多因素，主要为仪器方面的因素（加热炉的形状和尺寸、坩埚大小、热电偶位置等），实验条件（升温速度、气氛、记录装置的走纸速度等），试样用量和粒度。因此，实验要注意选择和记录实验条件，在比较实验数据时，要注意实验的条件是否相同。

(1) 升温速度的选择　升温速度对测定结果有明显的影响。一般，升温速度低时，基线漂移小，差热峰形矮而稍宽，易分辨出靠得很近的差热峰，但测定花费较长的时间；升温速度高时，峰形比较尖锐，测定时间较短，但基线漂移明显，平衡条件相距较远，出峰温度误差较大，分辨能力也下降；通常，升温速度一般采用 2～20℃ · min^{-1}，最常用的是 10℃ · min^{-1}。

（2）参比物的选择 作为参比物的材料，要求在整个测定范围内，保持良好的稳定性，不产生任何热效应，且其比热、导热系数尽可能与样品接近。常用的参比物有 α-Al_2O_3、石英砂（SiO_2）及煅烧过的氧化镁（MgO）等。

（3）气氛及压力的选择 在 DTA 测量中，不少物质的测定受炉中气氛及压力影响很大，例如，$CaCO_3$、Ag_2O 的分解温度分别受气氛中 CO_2、O_2 分压的影响，许多金属在空气中测定会被氧化等，因此，应根据待测样品的性质，选择适当的气氛和压力。现代差热分析仪的电炉备有密封罩，并装有若干气体阀门，便于抽真空及通入选定的气体。为了方便起见，本实验在大气中进行。

（4）样品预处理及用量 一般的非金属固体样品均应经过研磨，使成为 200 目左右的微细颗粒，这样可以减少空间，改善导热条件，但过度的研磨可能会破坏晶体的晶格。对于那些会分解而释放气体的样品，颗粒应更大一些。

参比物的粒度以及装填松紧度与试样一致。

一般来说，样品的用量应尽可能少些，这样可以得到比较尖锐的差热峰，并能分辨靠得很近的峰，样品过多往往形成大包，并使相邻的峰互相重叠而无法分辨。当然样品也不能过少，样品太少太小，不能完全覆盖热电偶；样品的用量根据仪器的灵敏度、稳定性等因素加以考虑。

（5）走纸速度 走纸速度快，峰面积大，可减少误差，但峰形平稳且耗纸多；走纸速度慢，对小的差热峰不易看清，故要选择适当的走纸速度。

仪器与试剂

1. 仪器

差热分析仪 CDR-1。

2. 试剂

α-Al_2O_3、KNO_3、$CuSO_4 \cdot 5H_2O$、Sn 粉（200 目）均为分析纯。

实验步骤

1. 先打开所有电源，开机预热 20min，接通冷却水。

2. 先把 $CuSO_4 \cdot 5H_2O$ 磨碎（100～300 目），然后把与参比 α-Al_2O_3 基本等量的 $CuSO_4 \cdot 5H_2O$ 装入坩埚内，用镊子夹起在干净的桌面上轻轻地墩几下，使样品均匀地分布在坩埚的底部。

3. 用手把摇起炉子到顶后，向里推开炉子，用镊子夹起已装好样品的甘埚轻轻地放在样品杆左边的托盘上，关起炉子反方向摇动手把使炉子降到底部。（注意：在摇动手把放下炉子前，通过炉子上的反光镜注意观察差动杆是否与炉子内腔对齐，避免炉子下降把差动杆压断）

4. 编程操作如下：

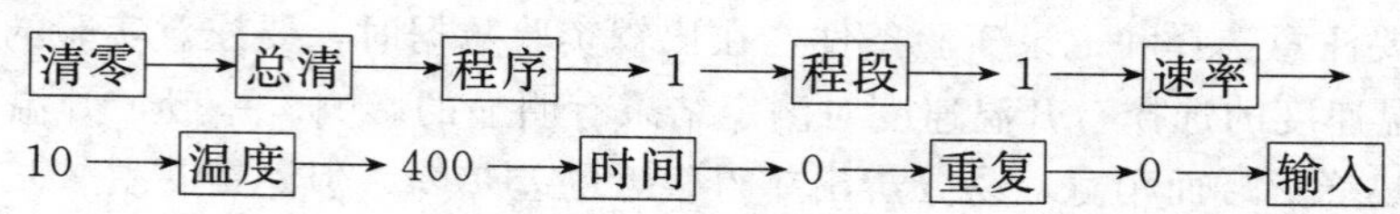

5. 检查温度偏差指示是否正偏差。若微机温控程序温度为零，而偏差指示是负偏差，应重新按微机温控单元“清零”键，再次编程。

6. 上述操作完成后方可打开炉子电源开关，炉子电源指示灯亮。

7. 将“差动”“差热”开关置于“差热”位置，微伏放大器量程开关置于“短路”位置，调零，然后将微伏放大器量程开关置于 100μV 处。

8. 将“准备”“工作”开关置于“工作”位置。

9. 按下微机温控单元面板的“程序”$\longrightarrow$1$\longrightarrow$“运行”键，炉子进入工作状态，待程序运行结束，按“清零”键。

10. 打开炉子，待炉温降至 70℃以下，准确称取 20mg Sn 粉装入坩埚内，在相同的条件下，测定 Sn 粉在 70～300℃的差热谱图。

11. 打开炉子，待炉温降至 70℃以下，准确称取 20mg KNO_3 装入坩埚内，在相同的条件下，测定 KNO_3 在 70～400℃的差热谱图。

12. 实验完毕，关闭电源、水源。

注意事项

1. 在升温过程中，如果由于特殊原因突然停电，应待偏差指示表回复到正偏差后，方可接通电源升温。

2. 在升温时，如果电炉电压突然大幅度上升，应立即切断电源，待炉子冷却后，再继续工作。

数据记录与处理

1. 记录实验条件：室温、大气压、仪器型号、规格、厂家、样品和基准物名称及其规格、粒度、气氛、稀释比、走纸速度、量程等。

2. 在各热谱图上标出峰的开始温度、峰顶（峰谷）温度以及峰的终止温度。

3. 由 $CuSO_4 \cdot 5H_2O$ 的热谱图，讨论各峰所代表的可能反应，写出反应方程式，找出其脱水温度。

4. 计算 KNO_3 相应的热效应。

思考题

1. 若示温热电偶插在样品或其他参考点上，所绘得的升温线相同否？为什么？

2. 影响差热分析的主要因素有哪些？

3. 在什么情况下，升温过程与降温过程所做的差热分析结果相同？在什么情况下，只能采用升温过程？在什么情况下，采用降温过程为好？

4. 记录差热曲线时，差热笔与温度笔之间有一笔距，如何处理差热曲线，才能求出准确的峰温？

第 5 章 电化学实验

实验七

用分光光度法测定弱电解质的电离常数

实验目的

1. 掌握一种测定弱电解质的电离常数的方法。

2. 掌握分光光度法测定甲基红电离常数的基本原理。

3. 掌握分光光度计及 pH 计的原理和使用。

实验原理

根据朗伯-比耳（Lanbert-Bear）定律，溶液对单色光的吸收，遵守下列关系式：

$$A=-\lg\frac{I}{I_0}=Kcl \tag{5-1}$$

式中，A 为吸光度；c 为溶液浓度，$mol \cdot L^{-1}$；l 为溶液在光路中的厚度，cm；K 为溶液的吸光系数，它是溶液的特性常数；$T=I/I_0$ 为透射比，选定某一溶剂为参比溶液，并设定它的透射比为 100%，则被测试样的透射比相对于该参比溶液而得到。

在分光光度分析中，将每一种单色光，分别依次地通过某一溶液，测定溶液对每一种光波的吸光度，以吸光度 A 对波长 λ 作图，对应于某一波长有一个最大的吸收峰，用这一波长的入射光通过该溶液就有最佳的灵敏度。

从式(5-1) 可以看出，对于固定长度吸收槽，在对应的最大吸收峰的波长 λ 下测定不同浓度 c 的吸光度，就可以做出线性的 A-c，这就是光度法的定量分析的基础。

以上讨论是对于单组分溶液的情况，对于含有两种以上组分的溶液，情况就要复杂一些。

(1) 若两种被测定组分的吸收曲线彼此不相重合，这种情况就很简单，等于分别测定两种单组分溶液。

(2) 若两种被测定组分的吸收曲线相重合，且遵守贝尔-郎比定律，则可在两波长 λ_1、λ_2 时（λ_1、λ_2 分别是两种组分单独存在时吸收曲线最大吸收峰波长）测定其总吸光度，然后换算成被测定物质的浓度。

根据朗伯-比耳定律，假定吸收槽长度一定时（l 一定），则

$$\begin{cases}\text{对于单组分 a}: A_\lambda^{a}=K_\lambda^{a}c^{a}l \\ \text{对于单组分 b}: A_\lambda^{b}=K_\lambda^{b}c^{b}l\end{cases} \tag{5-2}$$

设 $A_{\lambda_1}^{a+b}$、$A_{\lambda_2}^{a+b}$ 分别代表在 λ_1 及 λ_2 时混合溶液的总吸光度，则

$$\begin{cases} A_{\lambda_1}^{a+b}=A_{\lambda_1}^{a}+A_{\lambda_1}^{b}=K_{\lambda_1}^{a}c^{a}l+K_{\lambda_1}^{b}c^{b}l & (5\text{-}3a) \\ A_{\lambda_2}^{a+b}=A_{\lambda_2}^{a}+A_{\lambda_2}^{b}=K_{\lambda_2}^{a}c^{a}l+K_{\lambda_2}^{b}c^{b}l & (5\text{-}3b) \end{cases}$$

此处 $A_{\lambda_1}^{a}$、$A_{\lambda_1}^{b}$、$A_{\lambda_2}^{a}$、$A_{\lambda_2}^{b}$ 分别代表 λ_1、λ_2 时组分 a 和 b 的吸光度。由式(5-3a) 可得：

$$c^{b}=\frac{A_{\lambda_1}^{a+b}-K_{\lambda_1}^{a}c^{a}l}{K_{\lambda_1}^{b}l} \tag{5-4}$$

将式(5-4) 代入式(5-3b)，可得：

$$c^{a}=\frac{K_{\lambda_1}^{b}A_{\lambda_2}^{a+b}-K_{\lambda_2}^{b}A_{\lambda_1}^{a+b}}{(K_{\lambda_1}^{b}K_{\lambda_2}^{a}-K_{\lambda_1}^{a}K_{\lambda_2}^{b})l} \tag{5-5}$$

这些不同的 K 值均可由纯物质求得，也就是在纯物质的最大吸收峰 λ 时，测定吸光度 A 和浓度 c 的关系，在该波长处符合朗伯-比耳定律，那么 A-c 为直线，斜率即为 K。最后根据式(5-4) 和式(5-5) 可以计算混合溶液中组分 a 和组分 b 的浓度。

本实验是用分光光度法测定弱电解质（甲基红）的电离常数，考虑到甲基红本身带有颜色，而且在有机溶剂中电离度很小，所以用一般的化学分析法或者其他物理方法进行测定都有困难，但用分光光度法可不必将其分离，且同时能测定两组分的浓度。甲基红在有机溶剂中形成下列平衡：

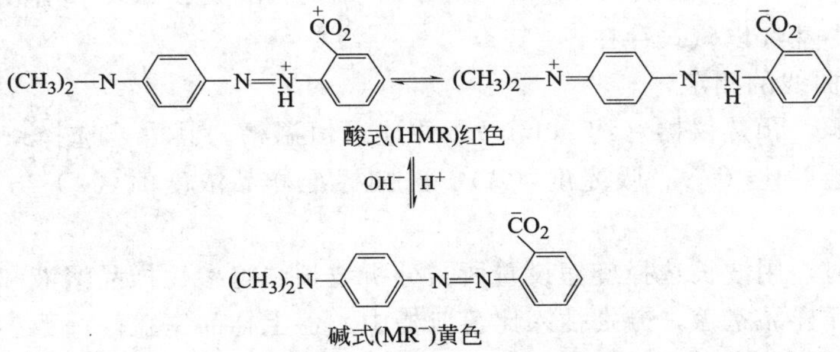

酸式(HMR)红色

OH^- ⇌ H^+

碱式(MR^-)黄色

简单地写成：

$$HMR \rightleftharpoons H^+ + MR^-$$

则甲基红的电离常数为：

$$K=\frac{[H^+][MR^-]}{[HMR]} \tag{5-6}$$

或

$$pK=pH-\lg\frac{[MR^-]}{[HMR]} \tag{5-7}$$

由上式知，只要测定溶液中 MR^- 与 HMR 的浓度及溶液的 pH 值，即可求得甲基红的电离常数。

在极酸条件下，体系的颜色完全由 HMR 引起，设此时的吸光度为 A_1；在极碱条件下，则体系的颜色完全由 MR^- 引起，设此时的吸光度为 A_2（注意在酸式溶液对应的最大吸收波长下极碱溶液的吸光度测量值应近似为 0，同理，在碱式溶液对应的最大吸收波长下极酸溶液的吸光度应近似为 0）；在两种极端情况之间的诸溶液的吸光度随溶液的 pH 而变化，$A=XA_1+(1-X)A_2$，X 为 HMR 的摩尔分数。代入式(5-7) 中，可得：

$$pK=pH-\lg\frac{A_1-A}{A-A_2} \tag{5-8}$$

在测定 A_1、A_2 后，再测一系列 pH 下的溶液的吸光度，由式(5-8)，以 $\lg\frac{A_1-A}{A-A_2}$ 对 pH 作

图，应为一直线，其与坐标轴的截距即可求得 pK，从而得到该物质的电离平衡常数。

仪器与试剂

1. 仪器

7200 型可见光分光光度计 1 台、PHSJ-4A 型酸度计 1 台、恒温水浴槽 1 台。

2. 试剂

95％乙醇（AR）、0.1mol・L^{-1} HCl、0.04mol・L^{-1} 醋酸钠、0.02mol・L^{-1} 醋酸、甲基红。

实验步骤

1. 制备溶液

将 1g 甲基红加 300mL 95％的乙醇，用蒸馏水稀释至 500mL 容量瓶中。取 10mL 上述溶液，加入 50mL 95％乙醇，用蒸馏水稀释至 100mL 容量瓶中，得到甲基红标准溶液。取 10mL 甲基红标准溶液，加入 0.1mol・L^{-1} 盐酸 10mL，用蒸馏水稀释溶液至 100mL 容量瓶中，此为溶液 a，pH 约为 2（由酸度计测量），甲基红以酸式存在；另取 10mL 甲基红标准溶液，加入 0.04mol・L^{-1} 醋酸钠 25mL，用蒸馏水稀释溶液至 100mL 容量瓶中，此为溶液 b，pH 约为 8，甲基红以碱式存在。

2. 吸收光谱曲线的测定

（1）接通电源，预热仪器（约 20min），并连通恒温槽。其中，选择＜MODE＞键可以设置测试方式：透射比（T）、吸光度（A）、已知标准样品浓度值（C）方式和标准样品斜率（F）方式。

（2）选择透射，用波长选择旋钮设置所需分析波长。将参比样品溶液和被测溶液分别倒入比色皿中，打开样品室盖，分别插入比色皿槽中，盖上样品室盖。一般参比样品放在第一个槽位中。将％T 校具置入光路中，在 T 方式下按“％T”键，此时显示器显示“000.0”。将参比样品推（拉）入光路中，按“0A/100％T”键调 0A/100％T，此时显示器显示的“BLA”直到显示“100.0”％T 或“0.000” A 为止，此后可将被测样品推（拉）入光路，显示器上显示的则是被测样品的透射比或吸光度值。用光度计分别测定溶液 a 和溶液 b 的吸收光谱曲线，并求出最大吸收峰的波长 λ_1 和 λ_2。波长从 360nm 开始，每隔 20nm 测定一次[每改变一次波长都要先用空白溶液（蒸馏水）校正]，直至 620nm 为止，重复测三次。

（3）在四个 100mL 容量瓶中分别加入 10.00mL 标准甲基红溶液和 25mL 0.04mol・L^{-1} 醋酸钠溶液，并分别加入 0.02mol・L^{-1} 的醋酸溶液 50mL、25mL、10mL、5mL，加入蒸馏水稀释至刻度，制成一系列待测液，按照上述步骤，测定在 λ_1 或 λ_2 下各溶液的吸光度，并用 pH 酸度计测量各溶液的 pH 值，各测三次。

（4）取部分溶液 a 和 b，分别用 0.1mol・L^{-1} 盐酸和 0.04mol・L^{-1} 醋酸钠稀释至原来浓度的 0.25、0.50、0.75 及原溶液，制成一系列待测液。选择波长在最大吸收峰波长 λ_1 和 λ_2 下，分别测量这五种浓度下溶液 a 和溶液 b 的吸光度，操作步骤同（2），作 A-c 曲线，斜率即为溶液 a 和溶液 b 的摩尔吸光系数 K。

注意事项

1. 甲基红溶液、甲基红标准溶液配好后应盛于棕色瓶中。

2. 使用分光光度计时，先接通电源，预热 20min。为了延长光电管的寿命，在不测定时，应将暗盒盖打开，注意拉杆的使用。

3. 比色皿透光部分表面不能有指印或溶液痕迹，被测溶液中不能有气泡、悬浮物，否则会影响样品测量的精度。

4. 使用精密 pH 计前应预热，使仪器稳定，然后标定。使用中注意保护电极，使用后套上装有电极补充液的电极套。

数据记录与处理

1. 将测量数据填入表 1 中。

实验温度/℃：____________

表 1

λ									
A^a									
A^b									

2. 将不同 pH 值的溶液测量数据填入表 2 中。

波长 λ/nm：____________

表 2

	c_1	c_2	c_3	c_4
pH				
A				

3. 将不同浓度的溶液吸光度测量数据填入表 3 中。

表 3

浓度		c_1	c_2	c_3	c_4	c_5
A^a	λ_1					
	λ_2					
A^b	λ_1					
	λ_2					

4. 将上表的数据处理后，填入表 4 中。

表 4

溶液	波长/nm	吸光度 A	吸光系数 K	pH
a				
b				

5. 根据表 1 中的数据，分别作溶液 a 和溶液 b 的 A-λ 曲线，求得最大吸收峰的波长 λ_1 和 λ_2，以及对应的吸光度 $A_{\lambda_1}^{a}$、$A_{\lambda_1}^{b}$、$A_{\lambda_2}^{a}$、$A_{\lambda_2}^{b}$。

6. 根据表 1 和表 2 的数据，计算可以得到 4 组甲基红溶液的电离常数，取平均值。

7. 根据表 2 中的数据，分别作溶液 a 和溶液 b 的 A-c 曲线，分别求得对应于最大吸收峰的波长 λ_1 和 λ_2 下摩尔吸光系数 $K_{\lambda_1}^{a}$、$K_{\lambda_1}^{b}$、$K_{\lambda_2}^{a}$、$K_{\lambda_2}^{b}$。

8. 将上述求得的数据代入式(5-4) 及式(5-5)，计算酸式及碱式甲基红溶液的浓度，最后根据式(5-6) 和式(5-7)，进一步计算得到甲基红溶液的电离常数，并与之前测量计算得到的结果进行比较。

思考题

1. 本实验中，温度对测定结果有何影响？采取哪些措施可减少由此引起的实验误差？
2. 甲基红酸式吸收曲线和碱式吸收曲线的交点称之为“等色点”，讨论在等色点处吸光度和甲基红浓度的关系。
3. 为什么要用蒸馏水进行校正？有何作用？
4. 在吸光度测定中，应该怎样选用比色皿？

实验八

原电池电动势的测定

实验目的

1. 了解原电池电动势的测定原理。
2. 学会一些金属电极的制备方法。
3. 掌握电位差计的使用方法。

实验原理

原电池是将化学能转变为电能的装置。它由两个电极以及能与电极建立电化学反应平衡的相应电解质溶液组成。原电池的电动势是通过电池的电流趋于零时阴阳两极的电极电势的代数和。对于可逆电池，通过测量电池的电动势可求出与电池相关反应的热力学函数 ΔH、ΔS 和 ΔG、电解质溶液的平均活度系数 $\gamma_{\pm}$、溶液的 pH 值、难溶盐的溶度积 K_{sp} 等物理化学参数。

电池的电动势不能用伏特计直接测量，因为电池与伏特计相接后，回路中有适量的电流通过时才能使伏特计显示，无法达到可逆电池的条件。电池电动势的测量应在电流无限小的条件下进行，测量电动势的对消法（或称补偿法）就是依据这一要求设计的。对消法测量电池电动势的线路原理见图5-1。在工作电流回路中：工作电流由工作电池B的正极流出，经过可变电阻 R_P、滑线电阻 R 返回B的负极。如果工作电流是稳定的，则能在滑线电阻A、D端形成一个稳定的电位降。要求滑线电阻丝的直径是均匀的，这样由A至D，电阻值随长度的增加而线性增加，滑线电阻上的电位降亦随长度按比例增加。将换向开关K调至1接通标准电池N，如果标准电动势在室温时的值为 E_N，调节可变电阻 R_P 至检流计G指示为零，由于 E_N 的极性在接法上使之与 V_{AF} 对消，则 AF 段的电位差为 $V_{AF}=E_N$，通过 AD 段电流 $I_{AD}=E_N/R_{AF}=V_{AF}/R_{AF}=1.000\text{mA}$，以上过程称为工作电流的标定。标定过的工作电流回路就可用于测量未知电动势 E_X 了。将换向开关K调至2接通未知电动势的电池X，在可变电阻 R_P 不变的前提下，将测量盘触点置于滑线电阻 R 上，在 E_X 值不大于 V_{AD} 且电极的极性未接错时，通过多次测试（或按理论值计算出 E_X 作参考）必能找到某一处 C 正好使检流计G指示为零，由于 E_X 的极性在接法上也与 V_{AC} 对消，则 AC 段的电位差 $V_{AC}=E_X=I_{AD}R_{AC}=E_N\dfrac{R_{AC}}{R_{AF}}$，当时，$E_X$（$\times10^{-3}$V）读数可直接由电阻刻度盘电阻读数显示。

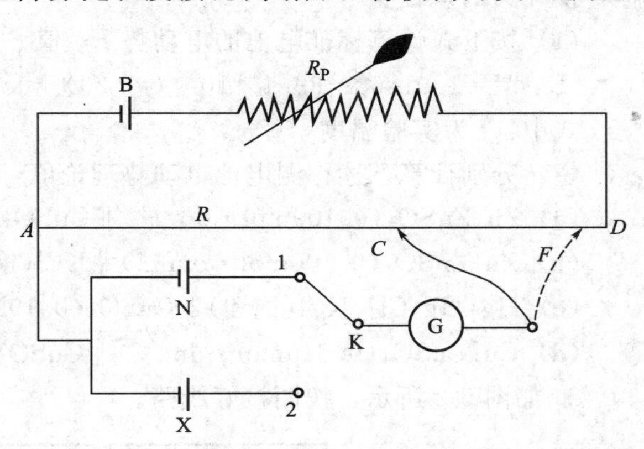

图5-1 对消法测源电池电动势原理

恒温恒压可逆条件下，原电池的电动势与电解质活度的关系可由Nernst方程表示。测量原电池的电动势后，可由Nernst方程计算标准电极电势、电解质溶液的活度等。

对于原电池：$Zn|ZnSO_4(m_1)\|CuSO_4(m_2)|Cu$

电池反应为：$Zn+Cu^{2+}(m_2)=\!=\!=Cu+Zn^{2+}(m_1)$

电池电动势 E 及电极电势 φ 与电解质溶液中离子活度的关系为：

$$E=\varphi_+-\varphi_-=\varphi_+^{\ominus}-\varphi_-^{\ominus}-\frac{RT}{2F}\ln\frac{a_{Zn^{2+}}}{a_{Cu^{2+}}} \tag{5-9}$$

$$\varphi=\varphi^{\ominus}-\frac{RT}{nF}\ln\frac{a_{Re}}{a_{ox}} \tag{5-10}$$

根据电解质溶液活度与浓度的关系，通过查手册获知溶液的平均离子活度系数 $\gamma_\pm$，由溶液浓度求出活度。

$$a_{Zn^{2+}}=\gamma_\pm c_{Zn^{2+}}\quad a_{Cu^{2+}}=\gamma_\pm c_{Cu^{2+}} \tag{5-11}$$

仪器与试剂

1. 仪器

UJ25直流高电势电位差计1台、稳压电源（工作电池）1套、BC3型饱和标准电池一个、直流检流计1个、电极管3支、Zn棒1支、Cu棒2支、饱和甘汞电极1支。

2. 试剂

稀 H_2SO_4 溶液、0.100mol·dm^{-3} $CuSO_4$ 溶液、0.010mol·dm^{-3} $CuSO_4$ 溶液、0.100mol·dm^{-3} $ZnSO_4$ 溶液、$Hg_2(NO_3)_2$ 溶液、饱和 KCl 溶液。

实验步骤

1. 计算标准电池的电动势 E_N 值和被测电池的电动势理论值 $E_{理}$ 值（以理论值作选择量程转换开关的量程参考）

（1）按下式计算标准电池的电动势 E_N 值

$$E_N/V=1.01868-39.4\times10^{-6}(t-20)-0.929\times10^{-6}(t-20)^2+9\times10^{-9}(t-20)^3$$

式中：t 为实验温度，℃。

（2）分别计算下述待测电池电动势理论值

（a）$Zn|ZnSO_4(0.100mol\cdot dm^{-3})\parallel CuSO_4(0.100mol\cdot dm^{-3})|Cu$

（b）$Zn|ZnSO_4(0.100mol\cdot dm^{-3})\parallel KCl$(饱和)$|Hg_2Cl_2|Hg$

（c）$Hg|Hg_2Cl_2|KCl$(饱和)$\parallel CuSO_4(0.100mol\cdot dm^{-3})|Cu$

（d）$Cu|CuSO_4(0.010mol\cdot dm^{-3})\parallel CuSO_4(0.100mol\cdot dm^{-3})|Cu$

2. 如图 5-2 所示，按图接好线路。

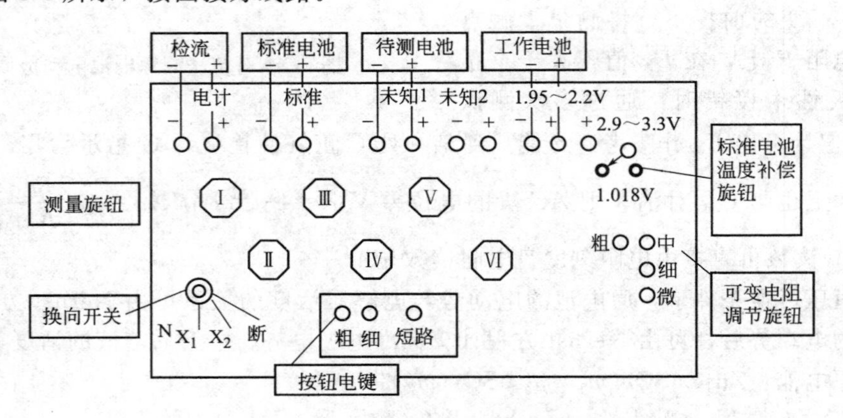

图 5-2　UJ-25 型电位差计测电动势示意图

3. 电极制备

（1）将锌电极用 0 号砂纸擦亮后，放入稀 H_2SO_4 溶液中浸洗 1min，用蒸馏水淋洗后再放入 $Hg_2(NO_3)_2$ 溶液中浸泡 3～5s，使电极表面形成一层均匀的锌汞齐层后，取出电极用蒸馏水淋洗（在指定的容器中进行），用滤纸小心地吸干电极附着的水，将用过的滤纸放到指定的容器中。把处理好的锌电极放入装有 0.100mol·dm^{-3} $ZnSO_4$ 溶液的电极管内并塞紧，使电极表面全部入溶液中（注意：a. 不能有漏液现象；b. 虹吸管内不能有气泡）。

（2）将 2 个铜电极用 0 号砂纸打磨后，淋洗并用滤纸吸干电极表面和周围的水，将电极分别放入 0.100mol·dm^{-3} 和 0.010mol·dm^{-3} $CuSO_4$ 溶液的电极管内塞紧。

4. 工作电流的标定

调节电位差计上标准电池温度补偿旋钮，将触点置于与标准电动势值 E_N 相同数值的位置上，接好线路。

将电位差计上的换向开关置于“N”上，先按下按钮电键中的“粗”键粗调右下方可变电阻调节旋钮的“粗→中→细→微”按钮，使检流计指示为“零”，再按下按钮电键中的

“细”键细调直至检流计指示完全为“零”，此过程即为电位差计工作电流的标定。

5. 电动势 E_X 的测定

将换向开关转向 X_1 或 X_2，然后分别按下“粗”和“细”键，同时旋转各测量挡旋钮，至检流计指示零位，此时电位差计各测量挡所示电压值的总和，即为被测电池的电动势。

6. 电动势温度系数 $\left(\frac{\partial E}{\partial T}\right)_p$ 的测定

测定电池：$Zn|ZnSO_4(0.100mol \cdot dm^{-3}) \| KCl(饱和)|Hg_2Cl_2|Hg$

将温度计插入盐桥的饱和 KCl 溶液中，打开恒温槽的电源、电动泵及加热开关，由节点温度计调节水浴温度（水浴温度大约比 KCl 溶液高出 2～3℃），当恒温槽的指示灯由红变绿时，表示已达到恒温槽所设置的温度，恒温 8～10min 使 KCl 溶液达到热平衡后，由插入 KCl 溶液中的温度计直接读出此时电池的温度，并测定电池在该温度时的电动势。（温度的设置从室温至 50℃之间共测 5 个点：室温、30℃、35℃、40℃、45℃）

注意事项

1. 标准电池在搬动和使用时，不要使其倾斜和倒置，要放置平稳。
2. 接线时电极正、负极不要接错。
3. 电位差计的粗或细按钮按下的时间不宜过长，以免检流计的指针往某一方向偏转时间过长影响其灵敏度。

数据记录与处理

1. 从附录表Ⅹ中查出标准电极电势 $\varphi^{\ominus}_{298.2K}$ 及温度系数 $\frac{d\varphi^{\ominus}}{dT}$，根据原理中的式(5-9) 计算室温条件下电池（a）、（b）、（c）、（d）的电动势理论值，将实验测量值与理论值比较，计算相对偏差。

电　池	$E_{测}$/V	$E_{理}$/V	相对偏差/%
Zn-Cu			
Zn-甘汞			
Cu-甘汞			
Cu-Cu 浓差			

2. 从附录表Ⅸ中查出离子的平均活度系数 $\gamma_{\pm}$，由电池（c）、（d）的 $E_{测}$ 按式(5-9) ～式(5-11) 计算 $\varphi_{Cu^{2+}/Cu}$、$\varphi^{\ominus}_{Cu^{2+}/Cu}$、$\varphi_{Zn^{2+}/Zn}$ 和 $\varphi^{\ominus}_{Zn^{2+}/Zn}$，并与理论值比较，计算出相对偏差。

电极	Cu 电极		Zn 电极	
	$\varphi_{Cu^{2+}/Cu}$	$\varphi^{\ominus}_{Cu^{2+}/Cu}$	$\varphi_{Zn^{2+}/Zn}$	$\varphi^{\ominus}_{Zn^{2+}/Zn}$
理论计算值/V				
实验测定值/V				
相对偏差/%				

饱和甘汞电极（SCE）的电极电势（V）与实验温度 t/℃的关系：

$$\varphi_{甘汞}/V = 0.2412 - 6.61 \times 10^{-4}(t-25) - 1.75 \times 10^{-6}(t-25)^2$$

3. 计算电池反应（$Z=2$）在 35℃时的 ΔG、ΔS、ΔH 及与环境交换的热 $Q_{可逆}$。

以电动势 E/V 对温度 T/K 作图，求 35℃时电池的电动势 E 及温度系数$\left(\frac{\partial E}{\partial T}\right)_p$，按以下公式进行计算：

$$\Delta G=-ZFE \qquad \Delta S=ZF\left(\frac{\partial E}{\partial T}\right)_p$$

$$\Delta H=-ZFE+ZFT\left(\frac{\partial E}{\partial T}\right)_p \qquad Q_{可逆}=T\Delta S=ZFT\left(\frac{\partial E}{\partial T}\right)_p$$

思考题

1. 在电极制作中，为何要求电极管不漏液，电极管内无气泡？
2. 工作电池、标准电池及检流计在电动势的测量中起什么作用？
3. 为何 Zn 电极要汞齐化，而 Cu 电极却不用？
4. 本实验用什么作盐桥？盐桥有何作用？对盐桥中的电解质有何要求？

实验九

电势-pH 曲线的测定

实验目的

1. 测定 Fe^{3+}/Fe^{2+}-EDTA 络合体系在不同 pH 下的电极电势，绘制电势-pH 曲线。
2. 了解电势-pH 图的意义及应用。
3. 掌握电极电势，电池电动势和 pH 的测量原理和方法。

实验原理

许多氧化还原反应的电极电势与溶液的 pH 值有关。若对一个与体系 pH 值有关的氧化还原体系，指定溶液的浓度而改变其酸碱度，测定体系电极电势与溶液的 pH 值，可绘出体系的电极电势-pH 曲线，简称电势-pH 曲线。用于天然气脱硫条件选择的 Fe^{3+}/Fe^{2+}-EDTA 络合体系和 S/H_2S 体系的电势-pH 曲线如图 5-3 所示。

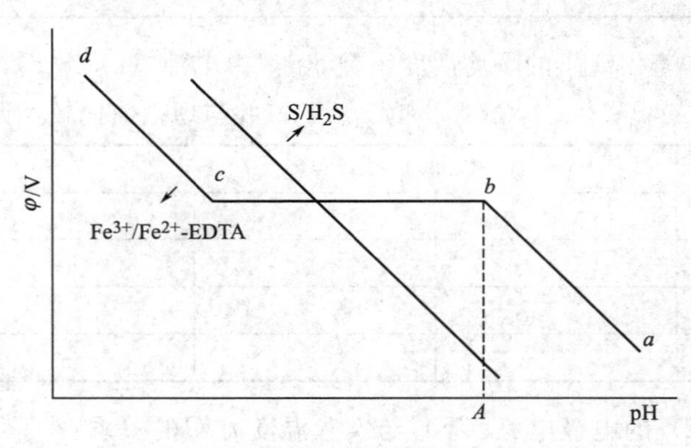

图 5-3　电势-pH 曲线示意图

从图 5-3 看，Fe^{3+}/Fe^{2+}-EDTA 体系的电势-pH 曲线可分为 ab、bc 和 cd 三部分，bc 段

电势与溶液的 pH 值无关，而 ab 和 cd 段电势随溶液 pH 的变化呈线性关系；该体系的电势-pH 曲线的意义可用 Nernst 方程来分析。

1. 假定 EDTA 的阴离子为 Y^{4-}，在 ab 段（高 pH 值区域），溶液中的络合离子为 $Fe(OH)Y^{2-}$ 和 FeY^{2-}，电极反应为：

$$Fe(OH)Y^{2-} + e^{-} \rightleftharpoons FeY^{2-} + OH^{-}$$

电极电势的能斯特（Nernst）方程如下：

$$\varphi = \varphi^{\ominus} - \frac{RT}{F}\ln\frac{a(FeY^{2-})a(OH^{-})}{a[Fe(OH)Y^{2-}]} \tag{5-12}$$

式中，$\varphi^{\ominus}$ 为标准电极电势；a 为活度。

$$a = \gamma m \tag{5-13}$$

按水的活度积 K_w、pH 值的定义及式(5-13)，可将式(5-12) 写为：

$$\varphi = \varphi^{\ominus} - \frac{RT}{F}\ln\frac{\gamma(FeY^{2-})K_w}{\gamma[Fe(OH)Y^{2-}]} - \frac{RT}{F}\ln\frac{m(FeY^{2-})}{m[Fe(OH)Y^{2-}]} - \frac{2.303RT}{F}pH \tag{5-14}$$

令 $b_1 = \frac{RT}{F}\ln\frac{\gamma(FeY^{2-})K_w}{\gamma[Fe(OH)Y^{2-}]}$，在溶液离子强度和温度一定时，$b_1$ 为常数，

$$\varphi = (\varphi^{\ominus} - b_1) - \frac{RT}{F}\ln\frac{m(FeY^{2-})}{m[Fe(OH)Y^{2-}]} - \frac{2.303RT}{F}pH \tag{5-15}$$

若 EDTA 大大过量，二价与三价铁络合物的浓度可视为配制溶液时铁离子的浓度，即 $m(FeY^{2-}) \approx m(Fe^{2+})$；$m[Fe(OH)Y^{2-}] \approx m(Fe^{3+})$。当 $m(Fe^{3+})$ 与 $m(Fe^{2+})$ 比例一定时，φ 与 pH 呈线性关系（图 5-3 中的 ab 段）。

2. 在特定的 pH 范围内，Fe^{2+} 和 Fe^{3+} 与 EDTA 生成稳定的络合物 FeY^{2-} 和 FeY^{-}，络合物的电极反应为：

$$FeY^{-} + e^{-} \longrightarrow FeY^{2-}$$

电极电势表达式为：

$$\begin{aligned}\varphi &= \varphi^{\ominus} - \frac{RT}{F}\ln\frac{a(FeY^{2-})}{a(FeY^{-})} = \varphi^{\ominus} - \frac{RT}{F}\ln\frac{\gamma(FeY^{2-})}{\gamma(FeY^{-})} - \frac{RT}{F}\ln\frac{m(FeY^{2-})}{m(FeY^{-})} \\ &= (\varphi^{\ominus} - b_2) - \frac{RT}{F}\ln\frac{m(FeY^{2-})}{m(FeY^{-})}\end{aligned} \tag{5-16}$$

式中，$b_2 = \frac{RT}{F}\ln\frac{\gamma(FeY^{2-})}{\gamma(FeY^{-})}$。

当温度一定时，b_2 为常数，在该 pH 范围内，体系的电势只与 $m(FeY^{2-})/m(FeY^{-})$的比值有关，即只与配制溶液时的 $m(Fe^{2+})/m(Fe^{3+})$的比值有关（图 5-3 中的平台 bc 段）。

3. 在低 pH 值时，体系的电极反应为：

$$FeY^{-} + H^{+} + e^{-} \rightleftharpoons FeHY^{-}$$

同理可得出

$$\varphi = (\varphi^{\ominus} - b_3) - \frac{RT}{F}\ln\frac{m(FeHY^{-})}{m(FeY^{-})} - \frac{2.303RT}{F}pH \tag{5-17}$$

在 $m(Fe^{2+})/m(Fe^{3+})$不变时，φ 与 pH 呈线性关系（图 5-3 中的 cd 段）。

因此，将体系（Fe^{3+}/Fe^{2+}-EDTA）与惰性金属（Pt 丝）组成一个电极，与参比电极（饱和甘汞电极）组成一电池，测定电池的电动势；按酸度计的 pH 测定要求，测定溶液的 pH 值，用测量的数据可绘制出电势-pH 曲线。

电势-pH 曲线在研究和指导涉及金属腐蚀、天然气脱硫等问题的工艺条件选择方面有广

泛的应用。对于天然气脱硫，在电势平台区的 pH 范围内，$m(Fe^{3+})/m(Fe^{2+})$ 比值一定的脱硫液，其电极电势与反应 $S+2H^{+}+2e^{-} = H_2S$ (g) 的电极电势之差（数值大小反映脱硫的热力学趋势大小）随 pH 值的增加而增大；A 点处，此差值最大；pH 值超过 A 点时，此差值不再增加。因此，选择 A 处或大于 A 点的 pH 值脱硫热力学趋势最大，但同时需考虑铁络合物的稳定性。

仪器与试剂

1. 仪器

UJ25 型直流高电势电位差计 1 台、标准电池 1 个、稳压电源 1 台、酸度计 1 台、铂电极一支、玻璃电极一支、饱和甘汞电极一支、氮气钢瓶一个、500mL 五颈瓶一只、玻璃滴管二支。

2. 试剂

0.5mol · dm^{-3} EDTA 四钠盐溶液、0.1000mol · dm^{-3} $NH_4Fe(SO_4)_2$ 溶液、0.1000mol · dm^{-3} $(NH_4)_2Fe(SO_4)_2$ 溶液、2mol · dm^{-3} NaOH 溶液、2mol · dm^{-3} HCl 溶液。

实验步骤

1. 检查线路（电动势测定线路是否接好），并仔细阅读有关数字式酸度计的使用说明书，按使用要求做好仪器测量前的准备工作（电动势的测量参考实验《原电池电动势的测定》进行）。

2. 分别量取一定体积的 Fe^{2+}、Fe^{3+}、EDTA 溶液［本实验用量 $V_{Fe^{2+}} = V_{Fe^{3+}} = 21mL$，$V_{EDTA} = 28mL$］置于洁净的五颈瓶中，用 2mol · dm^{-3} NaOH 溶液调体系的 pH＝7.5～8.0。

3. 小心地将玻璃电极、甘汞电极和铂电极分别插入五颈瓶的三个孔内，浸入液面下，往溶液中通入 N_2 使之鼓泡（整个实验测定过程溶液都必须在通入 N_2 条件下进行）（参看图 5-4）。

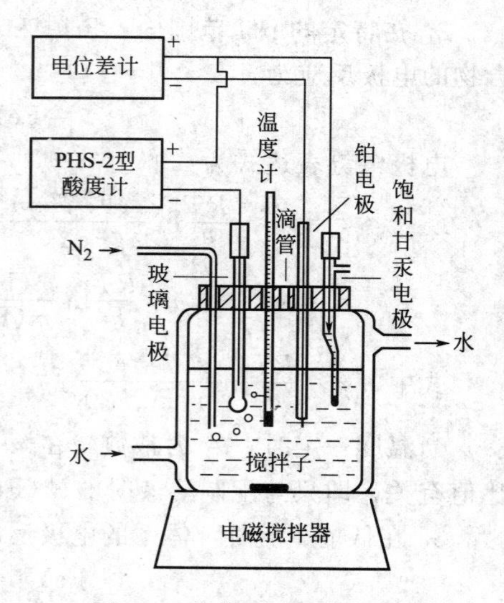

图 5-4　电势-pH 测定装置

4. 电势-pH 曲线的测定　将待测电池的甘汞电极和玻璃电极的导线分别接到酸度计的“＋”和“－”两端，测定并记录溶液 pH 值，然后将甘汞电极的导线接到电位差计“测量”的“＋”端，铂电极接“－”端，测定两电极之间的电动势，则可换算 Fe^{2+}、Fe^{3+}、EDTA 体系在该 pH 值下的电势（注：为了保证测量数据的重现性，测每一 pH 值时，电动势和 pH 值交替测定两次）。用滴管往五颈瓶的 N_2 出气口附近滴加少量的 2mol · dm^{-3} HCl 并摇动均匀，重新测定 pH 值及相应的电动势。pH 值每次改变约 0.3，直至 pH 值约 3.0，溶液出现浑浊为止。

注意事项

1. 在实验过程中，一定要在五颈瓶中通入 N_2。

2. 每次使用酸度计前，一定要进行标定。

数据记录与处理

按如下表格形式正确记录数据，并将测定的电极电势换算成相对标准氢电极的电势。然后绘制电势-pH 曲线，由曲线确定 FeY^- 和 FeY^{2-} 稳定存在的 pH 范围。

实验温度/℃：__________ 大气压/kPa：__________

pH						
E/V						
φ^{-}(vs. SHE)						

思考题

1. 写出 Fe^{3+}/Fe^{2+}-EDTA 体系在电势平台区、低 pH 值和高 pH 值时，体系的电极反应及其所对应的电极电势公式的具体表达式，并指出各项的物理意义。

2. 脱硫液的 $m(Fe^{3+})/m(Fe^{2+})$ 比值不同，测得的电势-pH 曲线有什么差异？

3. 安装玻璃电极和甘汞电极测溶液 pH 值时，应注意哪些问题？

4. 每次使用酸度计前，为何要进行标定？

5. 玻璃电极使用前，为什么需要在蒸馏水中浸泡活化？

实验十

铁的极化和钝化曲线的测定

实验目的

1. 认识测定金属极化曲线的意义，掌握恒电势法测量极化曲线的原理。

2. 测定铁在硫酸、水和硫脲三种介质中的极化曲线。求算自腐蚀电位、自腐蚀电流、自腐蚀电流密度等电化学参数。

3. 了解 LK98BⅡ型电化学工作站的基本工作原理，学会其使用方法。

实验原理

1. 铁的极化曲线

金属的电化学腐蚀是金属与介质接触时发生的自溶解过程。例如铁在 H_2SO_4 溶液中，将不断溶解，同时产生 H_2，即：

$$Fe+2H^+ \longrightarrow Fe^{2+}+H_2 \tag{5-18}$$

Fe 电极和 H_2 电极及 H_2SO_4 溶液构成了原电池，这就是 Fe 在酸性溶液中腐蚀的原因，两个电极反应分别为：

阳极 $$Fe \longrightarrow Fe^{2+}+2e \tag{5-19}$$

阴极 $$2H^+ +2e \longrightarrow H_2 \tag{5-20}$$

为了探索电极过程机理及影响电极过程的各种因素，必须对电极过程进行研究，其中极化曲线的测定是重要方法之一。我们知道在研究可逆电池的电动势和电池反应时，电极上几乎没有电流通过，每个电极反应都是在接近于平衡状态下进行的，因此电极反应是可逆的。但当有电流明显地通过电池时，电极的平衡状态被破坏，电极电势偏离平衡值，电极反应处于不可逆状态，而且随着电极上电流密度的增加，电极反应的不可逆程度也随之增大。由于电流通过电极而导致电极电势偏离平衡值的现象称为电极的极化。描述电流密度与电极电势之间关系的曲线称作极化曲线，如图 5-5 所示。

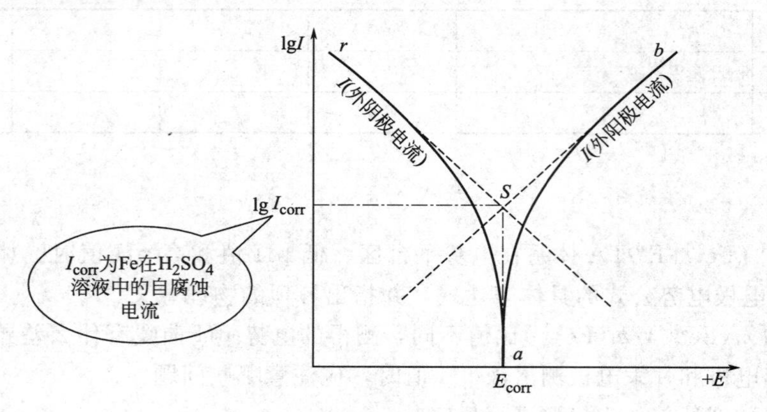

图 5-5　Fe 的极化曲线

当电极不与外电路接通时，其净电流为零。在稳定状态下，Fe 溶解的阳极电流 $I(\mathrm{Fe})$ 和 H^+ 还原生成 H_2 的阴极电流 $I(\mathrm{H})$，它们在数值上相等但符号相反，即：

$$I_{总}=I(\mathrm{Fe})+I(\mathrm{H})=0 \tag{5-21}$$

$I(\mathrm{Fe})$ 表示流过 Fe 电极电流，该阳极电流的大小反映了 Fe 在 H_2SO_4 中的溶解速率，而维持式(5-21) 成立的电势称为 Fe/H_2SO_4 体系的自腐蚀电位 E_{corr}。

图 5-5 中 ra 为阴极极化曲线。当对电极进行阴极极化，即施加比 E_{corr} 更负的电势时，反应 (5-19) 被抑制，反应(5-20) 加速，电化学过程以 H_2 析出为主，这种效应称为“阴极保护”。由于 H^+ 在 Fe 电极上还原生成 H_2 的过程由电子迁移步骤所控制，所以阴极极化曲线符合塔菲尔（Tafel）半对数关系，即：

$$\eta(\mathrm{H})=a(\mathrm{H})+b(\mathrm{H})\lg[I(\mathrm{H})/(\mathrm{A}\cdot\mathrm{cm}^{-2})] \tag{5-22}$$

图 5-5 中 ab 为阳极极化曲线。当对电极进行阳极极化，即施加比 E_{corr} 更正的电势时，则反应(5-20) 被抑制，反应(5-19) 加速，电化学过程以 Fe 溶解为主。由于反应(5-19) 也是由电子迁移步骤所控制，故阳极极化曲线也符合塔菲尔关系，即：

$$\eta(\mathrm{Fe})=a(\mathrm{Fe})+b(\mathrm{Fe})\lg[I(\mathrm{Fe})/(\mathrm{A}\cdot\mathrm{cm}^{-2})] \tag{5-23}$$

如果将阴极极化曲线 ra 和阴极极化曲线 ab 上的塔菲尔区（即上述极化曲线的直线部分）外推，理论上应交于一点 S，该点的纵坐标就是腐蚀电流 I_{corr} 的对数，横坐标则表示自腐蚀电位 E_{corr} 的大小。

2. 铁的钝化曲线

当阳极极化进一步加强时，阳极极化曲线如图 5-6 所示。abc 段是 Fe 的正常溶解，生成 Fe^{2+}，称为活化区。cd 段称为钝化过渡区。de 段的电流称为钝化电流，此段电极处于钝化区，Fe^{2+} 与溶液中的离子形成 $FeSO_4$ 沉淀层，阻滞了阳极反应，由于 H^+ 不易达到 $FeSO_4$ 层内部，使 Fe 表面的 pH 增大，Fe_2O_3、Fe_3O_4 开始在 Fe 表面生成，形成了致密的氧化膜，极大地阻滞了 Fe 的溶解，因而出现钝化现象。由于 Fe_2O_3 能够在高电势范围内稳定存在，故 Fe 能保持在钝化状态，电流较小且基本不变。直到电势超过 O_2/H_2O 体系的平衡电势

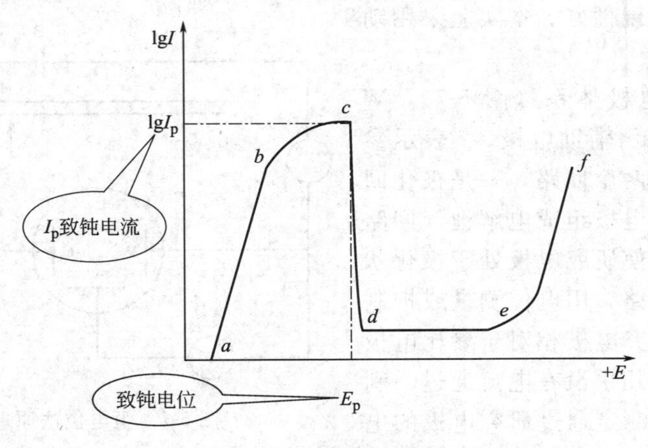

图 5-6 Fe 的钝化曲线

（+1.23V）相当多时，开始产生氧气，电流重新增长，极化曲线出现 *ef* 段，称为过钝化区。金属钝化现象有很多实际应用。金属处于钝化状态对于防止金属的腐蚀和在电解中保护不溶性的阳极是极为重要的。例如：金属 Cr、Ni、Fe 的易钝化顺序为 Cr＞Ni＞Fe，为了增强铁的抗腐蚀能力，在 Fe 中添加少量的 Cr 和 Ni，用很小的维钝电流使金属保持在钝化状态，从而使 Fe 的腐蚀速率大大降低，因而得名为不锈钢。但是，在化学电源、电冶金和电镀中作为可溶性阳极时，金属的钝化就非常有害。金属的钝化，除决定于金属本身性质之外，还与腐蚀介质的组成和实验条件有关。例如，在酸性溶液和中性溶液中金属一般较易钝化；卤素离子，尤其是 Cl^- 往往能大大延缓或防止钝化；氧化性离子，如 CrO_4^{2-}，则可促进金属钝化；在低温下钝化比较容易；加强搅拌可阻碍钝化等。极化曲线测定除应用于金属防腐外，在电镀中也有重要的应用。一般凡能增加阴极极化的因素，都可提高电镀层的致密性与光亮度。为此，通过测定不同条件的阴极极化曲线，可以选择理想的镀液组成、pH 以及电镀温度等工艺条件。

3. 极化曲线的测量

在对 Fe/H_2SO_4 体系进行阴极极化或阳极极化（在不出现钝化现象情况下），既可采用恒电流法，也可以采用恒电位法，所得到的结果一致，但对测定极化曲线，必须采用恒电位法，如采用恒电流法，无法获得完整的极化曲线。

恒电位法就是将研究电极依次恒定在不同的数值上，测量对应于各电位下的电流。极化曲线的测量应尽可能接近体系稳态。稳态体系指被研究体系的极化电流、电极电势、电极表面状态等基本上不随时间而改变。在实际测量中，常用的控制电位测量方法有以下两种。

（1）静态法　将电极电势恒定在某一数值，测定相应的稳定电流值，如此逐点地测量一系列各个电极电位下的稳定电流值，以获得完整的极化曲线。对某些体系，达到稳态可能需要很长时间，为节省时间，提高测量重现性，往往人们自行规定每次电位恒定的时间。

（2）动态法　控制电极电位以较慢的速率连续地改变（扫描），并测量对应电位下的瞬时电流值，以瞬时电流与对应的电极电势作图，获得整个的极化曲线。所采用的“扫描速率”（即电位变化的速率）需要根据研究体系的性质决定。一般来说，电极表面建立稳态的速率愈慢，则电势扫描速率也应愈慢，这样才能使所测得的极化曲线与采用静态法接近。

上述两种方法都已经获得了广泛应用，尤其是动态法，由于可以自动测绘，扫描速率可控，因而测量结果重现性好。本实验采用动态法。

实验使用了三电极体系（图 5-7），W 表示研究电极、C 表示辅助电极、r 表示参比电极。三电极构成两个回路，一是极化回路，辅助电极与研究电极组成电解池，回路中有极化电流通过，使研究电极处于极化状态；二是电位测量回路，用电位测量或控制仪器来测量或控制研究电极相对于参比电极的电位，这一回路中几乎没有电流通过。利用三电极体系可同时测定通过研究电极的电流和电位，从而得到单个电极的极化曲线。

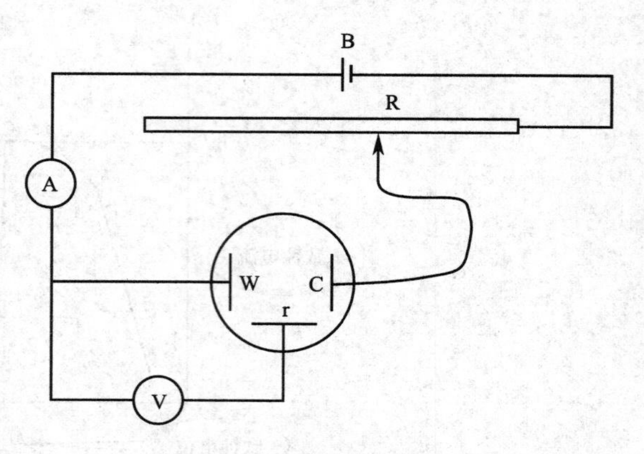

图 5-7　恒电位法原理示意图

仪器与试剂

1. 仪器

LK98BⅡ型电化学工作站、电解池、饱和甘汞电极（参比电极）、Pt 电极（辅助电极）、Fe 电极（研究电极）。

2. 试剂

$1mol \cdot L^{-1}$ H_2SO_4 溶液、$1mol \cdot L^{-1}$ H_2SO_4 $+0.5mol \cdot L^{-1}$ 硫脲混合溶液、丙酮。

实验步骤

1. 打开 LK98BⅡ型电化学工作站电源（不接任何电极）。

2. 打开微机电源，进入 Windows 桌面。

3. 双击 LK98 图标（运行控制程序）。

4. 按 LK98BⅡ型电化学工作站面板上的“Reset”按钮（黄色），进行仪器自检（成功后可听到有继电器动作的声音，让仪器预热 10min）。

5. 将 Fe 电极表面用金相砂纸磨亮，随后用丙酮去油、去离子水洗净。去油后的 Fe 电极进一步进行电抛光处理。即将电极放入 $HClO_4$ ＋HAc 的混合液中（按 4∶1 配制）进行电解。Fe 工作电极为阳极（正极），Pt 电极为阴极（负极），电流密度为 $85mA \cdot cm^{-2}$（铁电极），电解 2min，取出后用去离子水洗净，用滤纸吸干后，立即放入电解池中。

6. 在电解池内倒入约 50mL $1mol \cdot L^{-1}$ H_2SO_4 溶液，插入 Pt 电极和甘汞电极。

7. 用导线将电化学工作站与电解池按照参比电极（甘汞电极）⟶辅助电极（Pt）⟶研究电极（Fe）的顺序相连接。

8. 单击菜单上“实验方法选择”⟶“方法种类”⟶“线性扫描技术”⟶“具体方法”⟶“塔菲尔曲线”⟶“确定”。

9. 塔菲尔曲线参数设定。基线（关），iR 降补偿（关），灵敏度选择（1μA），滤波参数（50Hz），放大倍率（1），初始电位（−1.9V），终止电位（1.9V），扫描速度（0.002V/s），等待时间（0s）。

10. 单击菜单上“开始实验”按钮（开始扫描和自动记录，整个扫描大约需要 10min，扫描结束后，自动终止实验）。

11. 保存记录，关闭程序，关微机，关闭电化学工作站电源。

12. 实验完毕，按连接的相反顺序拆除三个电极上的连接导线，洗净电解池和各电极，测量 Fe 电极的面积。

13. 同理，分别测定 Fe 电极在蒸馏水中和 $1mol \cdot L^{-1}$ H_2SO_4 + $0.5mol \cdot L^{-1}$硫脲（金属缓蚀剂）混合溶液中的塔菲尔曲线。

注意事项

1. 在测定过程中不能断开连接线或将电极离开溶液，否则容易损坏仪器。按“终止实验”按钮后，才能将电极离开溶液。

2. 测定开始前，电化学工作站与电解池必须按照参比电极⟶辅助电极⟶研究电极的顺序相连接，拆除顺序与连接顺序相反。

3. 塔菲尔曲线参数设定时，“灵敏度”和“扫描速率”可按实际情况设置。

数据记录与处理

1. 分别作阳极极化曲线和阴极极化曲线直线部分的切线，由两条切线的交点 S 和 Fe 电极面积求自腐蚀电位 E_{corr}、自腐蚀电流 I_{corr}、自腐蚀电流密度 J_{corr}和自腐蚀速率 v。其中自腐蚀速率 v 按下式计算：

$$v=\frac{M}{nF}J_{corr}=3.73\times10^{-4}\frac{M}{n}J_{corr} \tag{5-24}$$

式中，v 为自腐蚀速率，$g \cdot m^{-2} \cdot h^{-1}$；$J_{corr}$为自腐蚀电流密度，$\mu A \cdot cm^{-2}$；$n$ 为金属的价数；F 为法拉第常数，$96487C \cdot mol^{-1}$。

2. 比较 Fe 电极在去离子水、$1mol \cdot L^{-1}$ H_2SO_4 溶液以及 $1mol \cdot L^{-1}$ H_2SO_4 + $0.5mol \cdot L^{-1}$硫脲混合溶液中的自腐蚀电位 E_{corr}、自腐蚀电流 I_{corr}和自腐蚀速率 v。

思考题

1. 测定极化曲线，为何需要三个电极？在恒电位法中，电位与电流哪个是自变量？哪个是因变量？

2. 测定钝化曲线为什么不能采用恒电流法？

3. 结合实验结果和查阅相关资料，说说为什么加入金属缓蚀剂（硫脲）后可以降低金属的自腐蚀速率？有哪些常用的金属缓蚀剂？

第6章 化学动力学实验

实验十一 蔗糖转化反应速率常数的测定

实验目的

1. 了解旋光仪的基本原理，掌握旋光仪的正确使用方法。
2. 了解蔗糖转化反应中反应物浓度与旋光度之间的关系。
3. 测定蔗糖转化反应的速率常数和半衰期。

实验原理

蔗糖（s）在水中转化成葡萄糖与果糖，其反应为：

$$\underset{(蔗糖)}{C_{12}H_{22}O_{11}} + H_2O \xrightarrow{H^+} \underset{(葡萄糖)}{C_6H_{12}O_6} + \underset{(果糖)}{C_6H_{12}O_6}$$

它是一个二级反应，在纯水中此反应的速率极慢，通常需要在 H^+ 或蔗糖转化酶催化下进行。由于反应时水是大量存在的，尽管有部分水分子参加了反应，仍可近似地认为整个反应过程中水的浓度是恒定的，而且 H^+ 催化剂的浓度也保持不变。因此，蔗糖转化反应可视为准一级反应，其反应速率方程为：

$$-\frac{dc_s}{dt}=kc_s \tag{6-1}$$

将式(6-1) 积分可得：

$$\ln c_s=-kt+\ln c_{s,0} \tag{6-2}$$

式中，$c_{s,0}$ 为蔗糖的初始浓度；c_s 为时间 t 时的蔗糖浓度；k 为反应速率常数。当 $c_s=0.5c_{s,0}$ 时，反应半衰期为：

$$t_{1/2}=\frac{\ln 2}{k}=\frac{0.693}{k} \tag{6-3}$$

从式(6-2)，不难看出，在不同时间测定反应物的相应浓度，并以 $\ln c_s$ 对 t 作图，可得一直线，由直线斜率既可得反应速率常数 k。然而蔗糖转化反应是连续进行的，要快速分析出反应物的浓度是很困难的。但蔗糖及其转化物，都具有旋光性，而且它们的旋光能力不同，故可以利用体系在反应进程中旋光度的变化来度量反应的进程。

测量物质旋光度的仪器称为旋光仪。溶液的旋光度与溶液中所含物质的旋光能力、溶液性质、溶液浓度、样品管长度及温度等均有关系。当其他条件固定时，旋光度 α 与反应物浓度 c 呈以下线性关系。

$$\alpha = \beta c \tag{6-4}$$

式中，β 为与物质旋光能力、溶液性质、溶液浓度、样品管长度及温度等有关的比例常数。

物质的旋光能力用比旋光度来度量，比旋光度用下式表示：

$$[\alpha]_D^t = \frac{\alpha \times 100}{lc} \tag{6-5}$$

式中，$[\alpha]_D^t$ 右上角"t"表示实验温度；D表示钠灯光源D线的波长（即589nm）；α 为该条件下测得的旋光度，°；l 为样品管长度，dm；c 为旋光物质的浓度，$10g \cdot L^{-1}$。

作为反应物的蔗糖是右旋性物质，其比旋光度 $[\alpha]_D^{20} = +66.6°$；生成物中葡萄糖也是右旋性物质，其比旋光度 $[\alpha]_D^{20} = +52.5°$；但果糖是左旋性物质，其比旋光度 $[\alpha]_D^{20} = -91.9°$。由于生成物中果糖的左旋性比葡萄糖右旋性大，所以生成物呈现左旋性质。因此随着反应的进行，体系的旋光度不断减小，直至蔗糖完全转化，此时的旋光度为 α_∞。

设体系在反应前、反应过程中、反应结束时的旋光度分别为 α_0、α_t、α_∞，且反应结束时蔗糖完全转化为葡萄糖和果糖，根据式(6-4)则有：

$$\alpha_0 = \beta_s c_{s,0} \tag{6-6}$$

$$\alpha_t = \beta_s c_s + (\beta_p^1 + \beta_p^2)(c_{s,0} - c_s) = \beta_s c_s + \beta_p (c_{s,0} - c_s) \tag{6-7}$$

$$\alpha_\infty = \beta_p^1 c_{s,0} + \beta_p^2 c_{s,0} = \beta_p c_{s,0} \tag{6-8}$$

式中，β_s、β_p^1、β_p^2 是指旋光物质分别为蔗糖、葡萄糖、果糖时的比例系数，$\beta_p = \beta_p^1 + \beta_p^2$。由式(6-6)～式(6-8)联立可解得：

$$c_{s,0} = \frac{\alpha_0 - \alpha_\infty}{\beta_s - \beta_p} = \beta(\alpha_0 - \alpha_\infty) \tag{6-9}$$

$$c_s = \frac{\alpha_t - \alpha_\infty}{\beta_s - \beta_p} = \beta(\alpha_t - \alpha_\infty) \tag{6-10}$$

将式(6-9)、式(6-10)再代入式(6-2)，得：

$$\ln(\alpha_t - \alpha_\infty) = -kt + \ln(\alpha_0 - \alpha_\infty) \tag{6-11}$$

以 $\ln(\alpha_t - \alpha_\infty)$ 对 t 作图可得一条直线，从直线斜率即可求得反应的速率常数 k，进而求出半衰期 $t_{1/2}$。

仪器与试剂

1. 仪器

自动旋光仪1台、旋光管1只、恒温槽一套、100mL烧杯1个、100mL锥形瓶2个、25mL移液管2支、100mL量筒1个、秒表1个、电子台秤1台、滤纸、镜头纸。

2. 试剂

蔗糖（AR）、（$4 \sim 6mol \cdot L^{-1}$）HCl溶液。

实验步骤

1. 记录实验温度

实验前、中、后各测一次，取平均值。

2. 旋光仪的零点校正

蔗糖溶液以蒸馏水作溶剂，且蒸馏水为非旋光物质，故用蒸馏水来校正旋光仪的零点。

校正时，先洗净样品管，从管中间的向上开口往管内加蒸馏水至某高度，仔细检查管内有无气泡、管两端有无漏液现象。若无此现象，则用滤纸将管外的水擦干，用镜头纸小心将样品管两端的玻璃片擦干净，再将旋光管放入旋光仪的光路中。打开“电源”（应在实验开始时提前打开预热），按“清零”键进行调零。取出旋光管，将管内蒸馏水倒掉。

3. 蔗糖转化过程体系旋光度 α_t 的测定

将恒温水浴调节到所需的温度（50～55℃）。称取 6g 蔗糖于 100mL 的烧杯中，用量筒加入 30mL 的蒸馏水，搅拌使蔗糖完全溶解，即得到质量分数为 15%的蔗糖溶液。若溶液浑浊，则过滤。用移液管移取 25.00mL 蔗糖溶液注入干燥的 100mL 锥形瓶中，再用另一支移液管吸取 25mL HCl 溶液加入蔗糖溶液中（注意摇动锥形瓶）。当 HCl 溶液加入约一半量时按下秒表开始计时，在反应开始的 2min 内，迅速用少量的反应液洗涤旋光管两次后，将反应液装满旋光管，擦干外壁液体放入旋光仪内，盖上外盖，测量各时间的旋光度 α_t。要求在离反应起始时间 1～2min 内读取第一个数据。在反应开始 15min 内，每分钟读取一次数据。此后由于反应物浓度降低，反应速率变慢，读取数据的时间间隔放宽至 2min 一次，直至旋光度到－2°为此。

4. α_∞ 的测量

将盛有剩余反应液的锥形瓶置于约 55℃的恒温水浴中恒温加热 60min，使其加速反应至完全（注意：水浴温度不能高于 60℃，否则会因发生副反应而使反应液变黄，同时锥形瓶要塞上塞子）。然后取出冷却至室温，测定其旋光度，当显示屏上数字稳定时，数字下方会显示 1，然后按“复测”键 2 次，下方显示为 3 时，按“平均”键，得到的数值即 α_∞ 的平均值。

5. 实验完毕，洗净旋光管并关闭旋光仪电源。

注意事项

1. 由于酸对仪器有腐蚀，操作时应特别注意，避免酸溶液漏到仪器上。实验结束后必须将旋光管洗净。
2. 为确保能尽快读出第一个数据，事先要熟悉装样方法。
3. 用反应液冲洗样品管时，用量要少，以免溶液不够。
4. 秒表要连续计时，不能中途停止。
5. 测定 α_∞ 时，通过加热使反应速率加快转化完全，但加热温度不能超过 60℃。
6. 测量完 α_t 后，需要关闭电源避免仪器过热。
7. 自动旋光仪的读数连续变化，必须迅速读出读数。

数据记录与处理

1. 记录实验温度，并按下表记录反应时间 t 及对应的旋光度 α_t。

实验温度/℃：________ α_∞ 平均值：________

t/min											
α_t											

2. 用上表数据作出 α_t-t 图。

3. 从 α_t-t 曲线上，等时间间隔取 8～10 组数据，计算 ln（$\alpha_t-\alpha_\infty$）并列出下表，根据

表中的数据作 $\ln(\alpha_t-\alpha_\infty)$-$t$ 图，由直线斜率求反应速率常数 k，并求出反应的半衰期 $t_{1/2}$。

t										
α_t										
$\ln(\alpha_t-\alpha_\infty)$										

思考题

1. 实验中，为什么用蒸馏水来校正旋光仪的零点？若不进行此项校正，则对实验结果有无影响？为什么？
2. 配制蔗糖溶液时称量不够准确，对测量结果有无影响？
3. 混合蔗糖溶液和盐酸溶液时，把盐酸溶液加到蔗糖溶液中，能否将蔗糖溶液加到盐酸溶液中去？为什么？
4. 加热有剩余反应液的锥形瓶时，要将锥形瓶塞上塞子，否则会对实验结果有何影响？
5. 如需测定该反应的活化能，还需要什么条件？

实验十二

乙酸乙酯皂化反应速率常数的测定

实验目的

1. 测定乙酸乙酯皂化反应速率常数和反应表观活化能。
2. 熟悉电导率仪的使用方法。
3. 熟悉恒温操作。

实验原理

乙酸乙酯皂化反应是一个典型的二级反应，其反应方程式为：

$$
\begin{array}{lcccc}
 & CH_3COOC_2H_5 & +OH^- \rightleftharpoons & CH_3COO^- & +C_2H_5OH \\
t=0 & a & a & 0 & 0 \\
t=t & (a-x) & (a-x) & x & x \\
t\rightarrow\infty & 0 & 0 & a & a
\end{array}
$$

反应动力学方程为：

$$\frac{dx}{dt}=k(a-x)^2,\ kt=\frac{x}{(a-x)a} \tag{6-12}$$

在反应过程中，不同时刻物质的浓度可用化学分析的方法测定（如测定不同反应时刻 OH^- 浓度），但反应中 OH^- 和 CH_3COO^- 浓度的变化引起反应体系电导率的明显改变，因此，可用测定反应过程中体系电导率随反应时间的变化来了解各物质浓度随时间的变化。因参与导电的离子（Na^+、OH^- 和 CH_3COO^-）电导率不同，OH^- 的电导率远大于 CH_3COO^- 的电导率，而反应过程中 OH^- 浓度随时间的增加而减小，Na^+ 的浓度不变，故随反应进行，体系电导率不断下降，体系电导率的减少量与 OH^- 浓度的减少量（即 CH_3COO^- 浓度的增加量）成正比。即：

$$t=t, x=A(\kappa_0-\kappa_t) \tag{6-13}$$

$$t \to \infty, a=A(\kappa_0-\kappa_\infty) \tag{6-14}$$

将式(6-13)、式(6-14) 代入式(6-12) 有

$$kt=\frac{(\kappa_0-\kappa_t)}{a(\kappa_t-\kappa_\infty)} \tag{6-15}$$

$$\kappa_t=\frac{(\kappa_0-\kappa_t)}{akt}+\kappa_\infty \tag{6-16}$$

式(6-15)、式(6-16) 中，κ_0、κ_t 和 κ_∞ 分别表示反应时间 0、t 和∞时体系的电导率。

当电导电极的电导池常数（l/S）一定时，溶液的电导率与其电导成正比（$\kappa=K\cdot l\cdot S^{-1}$）。故作 κ_t-$(\kappa_0-\kappa_t)/t$ 图，也能由直线斜率求出反应速率常数 k。

反应的表观活化能可由阿累尼乌斯方程［式(6-17)］求出，即测定几组不同温度下反应的速率常数可求出反应的表观活化能。

$$E=R\,\frac{T_2T_1}{T_2-T_1}\ln\frac{k_2}{k_1} \tag{6-17}$$

仪器与试剂

1. 仪器

DDS-11A 型电导率仪 1 台、恒温槽 1 套、磁力搅拌器 1 台、秒表。

2. 试剂

0.1mL 及 100mL 移液管各 1 支、100mL 锥形瓶 2 只、0.0100mol·dm^{-3} NaOH 溶液、乙酸乙酯（AR）。

实验步骤

1. 参照附录三调节恒温槽水温 30±0.2℃，水温到达指定值后，观测并记录温度随时间的波动情况，2min 测一次，测 20min。

2. 在清洁、干燥的 100mL 锥形瓶中放入一粒干净的搅拌子，往锥形瓶中准确移入 100mL 0.010mol·dm^{-3} NaOH 溶液，将此溶液及盛有纯乙酸乙酯的锥形瓶放入恒温槽中恒温 15min。

3. 打开电导率仪预热 25min、将电极放入待测溶液中，然后按读数键开始测量，当电导率结果稳定后，小数点不再闪动，$\sqrt{A}$显示在屏幕上即可读出电导率值。NaOH 溶液恒温 15min 后，测定并记录其电导率 κ_0（三次）。

4. 将锥形瓶从恒温槽中取出，放在磁力搅拌器上进行搅拌，用 0.10mL 移液管准确移取 0.10mL 乙酸乙酯，迅速加入到已测 κ_0 的 NaOH 溶液中，同时用秒表记时。将反应体系在磁力搅拌器上搅拌 1min 后，将锥形瓶放入恒温槽中恒温，同时将电导电极装到反应体系中，并将电导电极与电导率仪联通。每 5min 测量并记录一次 κ_t 和时间（准确到秒），反应 30min 后，改为 10min 测量一次，直至 60min 为止。

5. （选做）将恒温槽温度升高 35±0.2℃后恒温，按 2～4 所述步骤测定数据。

6. 测完 κ_t 后，从恒温槽中取出锥形瓶，取出瓶中的磁子后，倒掉瓶中溶液，洗净锥形瓶、搅拌子，并淋洗电导电极，放回原位。

注意事项

1. 电极插入溶液中进行测量时，溶液需没过电极的某一高度。
2. 将乙酸乙酯加入到 NaOH 溶液中时，一定要贴近液面加入。
3. 磁力搅拌器的搅拌速度不能过快，以防液体溅出。

数据记录与处理

1. 将实验记录的数据填入下表，从附录四查出乙酸乙酯的密度计算公式，计算乙酸乙酯的密度，并按表中各项要求逐项处理。

电极常数：________实验温度/℃：________乙酸乙酯浓度/（$mol \cdot dm^{-3}$）：________

t/min										
$\kappa_0/(S \cdot m^{-1})$										
κ_t										
$(\kappa_0-\kappa_t)/t$										

2. 作 κ_t-$(\kappa_0-\kappa_t)/t$ 图，求出斜率和反应速率常数 k。
3. 若完成了选做部分的实验，求反应的表观活化能。

思考题

1. 为什么本实验需要恒温？
2. 实验采集数据的过程中，更换一电极常数不同的电极测溶液电导率，原先测出的实验数据是否可用？为什么？
3. 为何在加入乙酸乙酯后要搅拌 1min？不搅拌会对实验数据的采集有何影响？
4. 实验所用恒温槽的灵敏度（温度波动的最大范围）是多少？
5. 测溶液的电导率，使用直流电还是交流电？为什么？
6. 本实验中，作 κ_t-$(\kappa_0-\kappa_t)/t$ 图为一直线，直线的截距 κ_∞ 表示什么？

实验十三

丙酮碘化反应速率常数的测定

实验目的

1. 了解并掌握改变物质数量比例测定反应级数的方法。
2. 了解光度法在反应动力学研究中的应用。

实验原理

大多数化学反应包含多个基元反应步骤，这些复杂反应的反应速率方程不服从质量作用定律，因此，反应速率方程的测定是宏观反应动力学研究的一个重要内容。测定反应速率方程实际上是测定一定反应条件下反应速率与反应相关的各物质组分浓度之间的关系，即测定反应速率对各反应组分浓度的级数和反应速率常数。

通过改变物质数量比例是测定反应速率对各反应组分浓度级数常用的一种方法，其基本思路为：在一定反应条件下，只改变一种反应相关组分的浓度而保持其他相关组分浓度不变，通过测定反应速率随单一组分浓度的变化，求出反应速率对该组分浓度的反应级数。本实验利用这一方法研究丙酮碘化反应速率对碘浓度的反应级数并测定反应的表观活化能。

丙酮碘化反应是丙酮卤化反应的一个例子，对反应机理的研究表明，在一定条件下，反应的速率控制步骤为丙酮的烯醇化步骤，基本上与丙酮卤化物及卤离子浓度无关。

$$CH_3-\overset{\overset{\large O}{\|}}{C}-CH_3 + X_2 \rightleftharpoons CH_3-\overset{\overset{\large O}{\|}}{C}-CH_2X + H^+ + X^-$$

丙酮碘化反应的速率方程为

$$-\frac{dc_{I_2}}{dt}=kc_{丙}^{\alpha x}c_{H^+}^{\beta}c_{碘}^{\gamma}$$

在反应条件下，使酸和丙酮的浓度大大过量（即 $c_{酸}\gg c_{碘}$，$c_{丙}\gg c_{碘}$），测定反应速率随 I_2 浓度的变化，可以求出反应动力学的有关参数。

I_2 在可见光区有吸收带（$\lambda_{max}=520nm$），可用分光光度法测定 I_2 的浓度。一定温度下，在最大吸收波长处，I_2 浓度与透光率 T 的关系服从朗伯-比尔定律：

$$\lg T=-\varepsilon lc_{碘}$$

式中，ε 为摩尔吸光系数；l 为比色皿的光径长度。

因此，在一定温度下，使酸和丙酮大大过量，测定反应过程中透光率 T 随反应时间的变化，可以了解反应过程中 I_2 浓度随反应时间的变化。根据动力学基本理论，用反应组分浓度随反应时间的变化的实验数据，通过尝试法可求出反应级数。

由于反应速率常数 k 与温度有关，由阿累尼乌斯公式可知，通过测定不同反应温度下的反应速率常数 k_T，可以求出反应的表观活化能 E_a。

本实验中，由 I_2 浓度与反应过程中透光率 T 的关系可知，在反应过程中，若只改变反应的温度，而保持其他反应组分浓度和测量条件不变，通过测定反应过程透光率-反应时间的关系（T-t 关系），利用尝试法可求出反应速率对碘浓度的反应级数和反应的表观活化能。

仪器与试剂

1. 仪器

721B 型分光光度计 1 套、超级恒温水浴 1 套、100mL 容量瓶 1 只、25mL 容量瓶 7 只、1mL 和 5mL 移液管各 3 支、100mL 碘量瓶 1 只、50mL 烧杯 1 只。

2. 试剂

2.00mol·L^{-1}丙酮溶液、2.00mol·L^{-1}盐酸溶液、0.020mol·L^{-1}碘溶液。

实验步骤

1. εL 的测定

在 5 只 25mL 的容量瓶分别移入 1.00mL 浓度为 2.00mol·L^{-1}的 HCl 溶液，然后分别加入 0.2mL、0.3mL、0.4mL、0.5mL、0.6mL 浓度为 0.020mol·L^{-1}碘溶液，配制 $c_{碘}$ 为 1.6×10^{-4}、2.4×10^{-4}、3.2×10^{-4}和 4.0×10^{-4}、4.8×10^{-4} mol·L^{-1}的溶液 25mL。以蒸馏水为参比，调透光率至 100，在 $\lambda=520nm$ 处测定这些溶液的透光率，并记录在表 1 中。

2. 在室温下，将盛 0.020mol·L^{-1} I_2 液的碘量瓶、盛 100mL 蒸馏水的容量瓶、盛丙酮、盐酸混合液（25mL 的容量瓶中准确移入 2.00mL 丙酮和 1.00mL 盐酸溶液，并用少量蒸馏水稀释）的容量瓶一并放入恒温水槽恒温 10min。取出已恒温的丙酮和盐酸混合液的容量瓶，加入 1.5mL 碘液并记时，迅速用蒸馏水稀释反应液到刻度，混匀，倒入测量皿中，以恒温的蒸馏水为参比调透光率至 100，每分钟测量一次透光率，直至透光率约 90 为止。将测量数据记录到表 2 中。

3. 将水浴温度调节为 35±0.2℃，重复步骤 2。

注意事项

1. 实验时体系始终要恒温。

2. 实验所需溶液均要准确配制。

3. 混合反应溶液时要在恒温槽中进行，操作必须迅速准确。

4. 测量中随时校正蒸馏水的透光率至 100。

数据记录与处理

1. 按表 1 的数据做 $\lg T$-$c_{碘}$ 图，求出 εl 值。

表 1

$c_{碘}\times10^4/(mol\cdot dm^{-3})$	0.80	1.60	2.40	3.20	4.00
T					
$\lg T$					

2. 按表 2 的数据，用作图方法尝试 $\gamma=0$、1 和 2 时以透光率表示碘浓度随时间的变化情况，求出反应速率对碘浓度的反应级数 γ 和不同温度下反应速率常数 k。

表 2

室温/℃：________　　　　大气压/kPa：________

t/min										
室温	T									
	$\lg T$									
35℃	T									
	$\lg T$									

3. 求反应的表观活化能。

思考题

1. 利用该法能否测出反应速率方程中盐酸浓度和丙酮浓度的级数？为什么？

2. 为什么实验中要求盐酸和丙酮大大过量？

3. 根据实验结果导出反应速率与反应过程中透光率 T 之间的关系，说明实验过程为何要保持其他反应组分浓度和测量条件不变。

4. 除了用分光光度法测量反应过程中碘的浓度变化外，还有其他的物理方法测量反应过程中碘的浓度变化，电动势法是其中的一种。请设计一个采用电动势法测量反应过程中碘浓度变化的实验方案。

实验十四
B-Z 振荡反应

实验目的

1. 了解 Belousov-Zhahotinskii（简称 B-Z 反应）的基本原理。

2. 掌握一般化学振荡反应的研究方法，初步认识体系在远离平衡态下的复杂行为。

3. 设计丙二酸-$KBrO_3$-$Ce(NH_4)_2(NO_3)_6 \cdot H_2O$-$H_2SO_4$ 化学振荡体系，并对其诱导期及振荡特征进行研究，计算活化能 E。

实验原理

1. 含有 $KBrO_3$、丙二酸、硫酸、硝酸铈铵的混合物在恒温下搅拌，有持续的化学振荡反应发生，能观察到体系的电位或颜色随时间呈周期性变化的现象。丙二酸在 Ce^{4+}/Ce^{3+} 催化剂存在下被 $KBrO_3$ 氧化，即：

$$5CH_2(COOH)_2 + 3BrO_3^- + 3H^+ \longrightarrow 3BrCH(COOH)_2 + 2HCOOH + 4CO_2 + 5H_2O$$

2. FKN 机理

1972 年，Fiel、Koros、Noyes 对该反应机理进行了深入研究，提出了 FKN 机理，

过程 A (1) $Br^- + BrO_3^- + 2H^+ \longrightarrow HBrO_2 + HBrO$

(2) $Br^- + HBrO_2 + H^+ \longrightarrow 2HBrO$

过程 B (3) $HBrO_2 + BrO_3^- + H^+ \longrightarrow 2BrO_2\cdot + 2H_2O$

(4) $BrO_2\cdot + Ce^{3+} + H^+ \longrightarrow HBrO_2 + Ce^{4+}$

(5) $2HBrO_2 \longrightarrow BrO_3^- + H^+ + HBrO$

过程 C (6) $4Ce^{4+} + BrCH(COOH)_2 + H_2O + HBrO \longrightarrow 4Ce^{3+} + 2Br^- + 3CO_2 + 6H^+$

过程 A 是消耗 Br^-，产生能进一步反应的 $HBrO_2$，HBrO 为中间产物。

过程 B 是一个自催化过程，在 Br^- 消耗到一定程度后，$HBrO_2$ 才按反应式(3)、反应式(4) 进行反应，并使反应不断加速，同时 Ce^{3+} 被氧化为 Ce^{4+}。$HBrO_2$ 的累积还受到反应式(5) 的制约。

过程 C 中，丙二酸被溴化的产物 $BrCH(COOH)_2$，与 Ce^{4+} 反应生成 Br^-，使 Ce^{4+} 还原为 Ce^{3+}。如果仅有过程 A、过程 B，则是一般的自催化反应，进行一次反应就完成了，正是由于过程 C 的存在，以丙二酸的消耗为代价，重新得到 Br^- 和 Ce^{3+}，使反应得以再次启动，形成周期性的振荡。可见在反应中 $HBrO_2$ 为“开关”中间化合物，Br^- 为“控制”中间化合物，Ce^{4+} 为“再生”中间化合物。

3. 产生化学振荡的条件

① 反应必须远离平衡态　化学振荡只有在远离平衡态，具有很大的不可逆程度时才能发生。在封闭体系中的振荡是衰减的，在敞开体系中，可以长期持续振荡。

② 反应历程中应包含有自催化的步骤　产物之所以能加速反应，是自催化反应，过程 A 反应式(1) 的产物 $HBrO_2$ 同时又是反应式(2) 的反应物。

③ 体系必须有两个稳态存在，即具有双稳定性 化学振荡体系的振荡现象可以通过多种方法观察到：测定电势随时间的变化、观察溶液颜色的变化、测定吸光度随时间的变化等。本实验通过测定铂电极上的电势（U）随时间（t）变化的 U-t 曲线来观察 B-Z 反应的振荡现象（见图 6-1），同时测定不同温度对振荡反应的影响。根据 U-t 曲线，得到诱导期 t_{in} 和振荡周期（t_{p1}，$t_{p2}\cdots$），由公式，$\ln\frac{1}{t_{in}}=-\frac{E_{in}}{RT}+c$ 及 $\ln\frac{1}{t_p}=-\frac{E_p}{RT}+c$，计算出诱导活化能 E_{in}，振荡活化能 E_p。

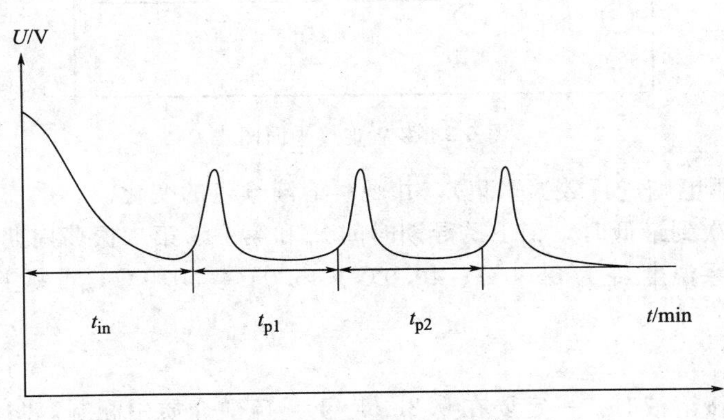

图 6-1 铂电极 U-t 曲线

仪器与试剂

1. 仪器

ZD-BZ 振荡实验装置（南京桑力电子设备厂）、微机（联想公司）、超级恒温槽、恒温反应器、铂电极、713 型甘汞电极（双盐桥）。

2. 试剂

丙二酸（AR）、$KBrO_3$（AR）、硝酸铈铵 $Ce(NH_4)_2(NO_3)_6 \cdot H_2O$（AR）、$H_2SO_4$（AR）。

实验步骤

1. Cl^- 会抑制振荡反应的发生和持续，甘汞电极要用饱和 KNO_3 溶液作外盐桥。

2. 按图 6-2 方式连接仪器，启动超级恒温槽，控制体系温度为（30.0±0.2）℃，启动微机，控制程序在待命状态。

3. 溶液的配制。各溶液的体积均为 250mL，浓度为：丙二酸 0.45mol·L^{-1}，$KBrO_3$ 0.25mol·L^{-1}，H_2SO_4 3.00mol·L^{-1}，硝酸铈铵 4×10^{-3}mol·L^{-1}。

4. 在恒温反应器中加入已配制好的丙二酸溶液 10mL、$KBrO_3$ 溶液 10mL、H_2SO_4 溶液 10mL，进行恒温，同时将硝酸铈铵溶液也放入超级恒温水浴中恒温。

5. 将 ZD-BZ 振荡实验装置电源开关置于“开”位置，将磁珠转子摆到反应器中间，调节“调速”旋钮调节至合适的速度（每次实验都用此转速）。

6. 选择量程 2V 挡，请将两输入线短接，按清零键，消除系统测量误差。清零后将甘汞电极接负极，铂电极接正极。

7. 恒温 10min 后将硝酸铈铵溶液 10mL 加入反应器，加入一半体积时，开始计时，并

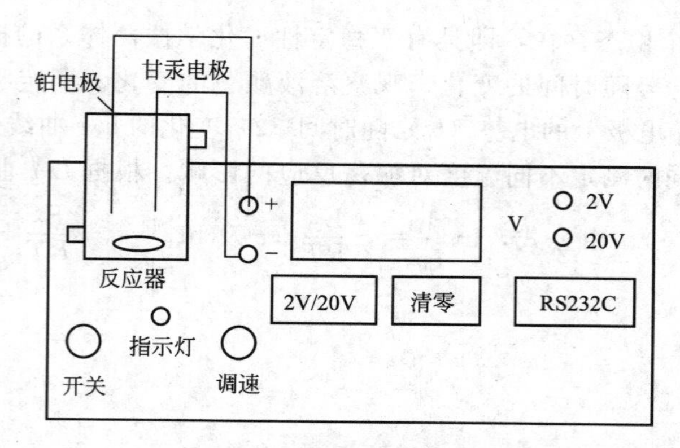

图 6-2　装置连接平面图

记录电势变化（或用电脑进行数据采集），并观察溶液颜色的变化。

8. 电势变化首次到最低时，记下诱导期时间 t_{in} 和第一、第二振荡周期（t_{p1}、t_{p2}）。

9. 分别改变体系温度 T 为 35.0℃、40.0℃、45.0℃、50.0℃，重复上述实验。

注意事项

1. 配制硝酸铈铵溶液时，一定要在 $0.2\text{mol}\cdot\text{L}^{-1}$ 硫酸介质中配制，防止发生水解。

2. 反应器应清洁干净，磁力搅拌器中磁珠转子位置及速度都必须加以控制。

3. 电势测量一般取 0～2V 挡，用户也可根据实验需要选用 0～20V 挡。

4. 若跟电脑连接时，只要用专用通讯线将仪器上的 RS232C 串行口与电脑串行口相接，在相应软件下工作即可（软件使用参见软件使用说明书）。

5. 若测量过程中显示“OUL”（表示超量程），请切换量程到 20V 挡。

数据记录与处理

1. 从 U-t 曲线中得到诱导期 t_{in} 和第一、二振荡周期（t_{p1}、t_{p2}）。

2. 依据实验数据，作 $\ln\frac{1}{t_{in}}-\frac{1}{T}$ 和 $\ln\frac{1}{t_{p1}}-\frac{1}{T}$ 图，由直线斜率求表观活化能 E_{in}、E_{p1}。

思考题

1. 影响诱导期和振荡周期的主要因素有哪些？

2. 试举例介绍一些化学振荡反应方面的应用实例。

实验拓展

其他化学振荡体系：

1. 丙二酸-$KBrO_3$-$MnSO_4$-H_2SO_4

2. 柠檬酸-$KBrO_3$-$Ce(NH_4)_2(NO_3)_6\cdot H_2O$-$H_2SO_4$

3. 柠檬酸-$KBrO_3$-$MnSO_4$-H_2SO_4

4. 没食子酸-$KBrO_3$-$Fe[phen]_3^{2+}$-H_2SO_4

5. 氨基酸-丙酮-$KBrO_3$-$MnSO_4$-H_2SO_4

6. 丙二酸-KIO_3-$MnSO_4$-H_2O_2-$HClO_3$

第7章 界面化学与胶体化学实验

实验十五

液体黏度的测定

实验目的

1. 掌握恒温槽的操作方法。

2. 掌握 Ostwald 黏度计的使用方法，液体黏度测定原理和方法。

实验原理

液体黏度是液体的一种性质，是一层液体在另一层液体上流过时受到的阻力，液体黏度的大小用黏度系数η表示，它决定了液体的流速。测定黏度最常用的仪器是奥斯特瓦尔德(Ostwald) 黏度计（图 7-1)。

用此黏度计测定黏度的方法是测定已知体积的液体（刻度 a 和 b 间的体积）在重力作用下，流过已知长度和半径的毛细管 B 的时间。

$$\eta=\frac{\pi r^4 p}{8LV}t \tag{7-1}$$

在适用于奥斯特瓦尔德法的 Poiseuille 方程式（7-1）中，p 为液体的静压力（$p=\rho gh$)；t 是液体的流出时间，s；r 是毛细管半径；L 为毛细管的长度；V 为流出的液体体积；η为液体的黏度。

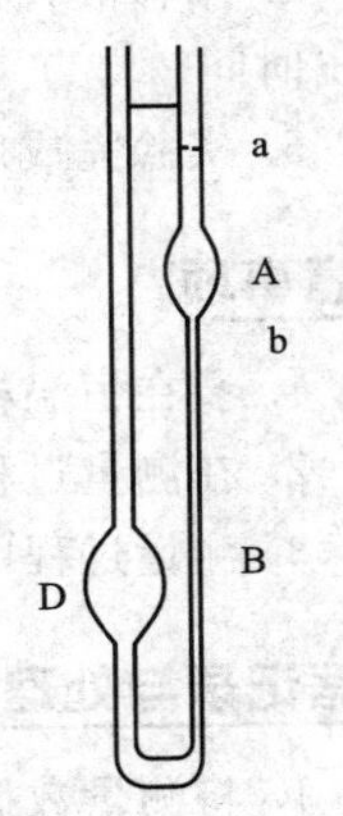

图 7-1　奥氏黏度计

对于给定的黏度计，实验上可测出式(7-1) 中的各变量，从而计算出绝对黏度值，但常用的方法是在选定温度下，测定相对于参考物质的黏度（相对黏度)。常用的参考物质为水。

从式(7-1) 看出，要测定给定温度下物质的相对黏度，必须用同一支毛细管分别测量该温度下待测物（1）和参考物质（0）流过毛细管的时间 t_1 和 t_0。

$$\frac{\eta_1}{\eta_0}=\frac{\rho_1 t_1}{\rho_0 t_0} \tag{7-2}$$

式中，η_1 和η_0 分别为相同的实验条件下用同一支黏度计测出待测物和参考物质的黏度；ρ_1 和ρ_0 分别为待测物和参考物质在测量温度下的密度。

测定了物质的相对黏度后，可以求出物质的绝对黏度。奥斯特瓦尔德法不适合测定高黏滞和中等黏滞液体的黏度。由于温度变化对液体黏度有显著的影响，黏度随温度的升高而减小，所以测定黏度的实验必须在恒温下进行。绝对黏度的单位为 Pa·s（SI 制），相对黏度没有单位。

本实验以水为参考物，用奥斯特瓦尔德法测定（35±0.1)℃时乙醇的绝对黏度。

仪器与试剂

1. 仪器

恒温槽1套（包括玻璃缸、加热器、传感器、搅拌器、SWQ智能数字恒温控制器)、秒表一只、奥氏黏度计1支、10mL移液管2支。

2. 试剂

无水乙醇（AR)。

实验步骤

1. 恒温：按操作方法将恒温槽温度控制在（35±0.1)℃，测量恒温槽恒温灵敏度。

2. 用移液管移取10mL无水乙醇放入干燥黏度计的D球中，将黏度计垂直浸入恒温槽内并固定之（黏度计的刻度部分全部浸入恒温水中)，恒温15min后，用橡皮管连接黏度计有毛细管的一端，用洗耳球吸起液体超过刻度a，然后放开洗耳球，当液面降低到刻度a处，开始记时，直至液面降到刻度b为止，记录液体流过刻度a和b时间。重复该测定三次（准确到0.2秒)。

3. 倒出黏度计中的乙醇（回收)，先用自来水冲洗黏度计4～5次（每次清洗应使水流过毛细管)，再用蒸馏水清洗黏度计三次。

4. 用移液管移取10mL蒸馏水放入黏度计的D球中，重复操作2，测定水流过毛细管的流出时间。

5. 实验完成后，倒出蒸馏水，将黏度计放入烘箱干燥。关闭恒温槽电源开关。

注意事项

1. 装在恒温槽中的黏度计必须保持垂直，且刻度a应浸入恒温槽的水面之下。

2. 在测量过程中，液体的凹液面与刻度相平时计时。

3. 测量过程中，先测乙醇再测蒸馏水。

数据记录与处理

1. 将测量数据填入下表中，根据恒温槽的最高、低温度，计算恒温槽的恒温灵敏度。

室温：________　　大气压：________

恒温槽温度		液体流经毛细管的时间/s	
最高温度/℃	最低温度/℃	t_1(乙醇)	t_2(水)

2. 从附录查出实验温度时水的密度及黏度，计算乙醇密度的公式，由式(7-2)计算乙醇在35℃时的绝对黏度，并与文献值比较（在25、30和35℃，$\eta_{乙醇}$分别为1.096、1.003和0.914cp，1cp=0.001Pa·s)，计算实验的相对偏差。

思考题

1. 在测量过程中，为何黏度计要垂直安装？

2. 测量过程中，温度控制的精度为±0.1℃，若忽略时间测量误差，最终结果的测量误差为多少？

3. 测量过程中，为了保持黏度计垂直不摆动，恒温槽的操作应注意什么？

实验十六

黏度法测定水溶性高聚物的摩尔质量

实验目的

1. 掌握温度控制原理和恒温操作。

2. 掌握黏度法测定大分子化合物分子量的技术。

实验原理

大分子化合物的分子量是了解化合物性能的一个重要数据，大分子化合物（尤其是人工合成的大分子化合物）的分子量一般为统计平均分子量。对于线性大分子化合物来说，分子量的测定有几种方法，如端基分析、渗透压和光散射等，但黏度法是测定大分子化合物分子量最常用的方法之一。

利用黏度法测定大分子化合物分子量 M 是基于大分子稀溶液中，溶液的特性黏度［η］与大分子化合物相对分子量的经验方程［式(7-3)］。

$$[\eta]=KM^{\alpha} \tag{7-3}$$

式中，K 和 α 是与大分子化合物及溶剂性质、温度有关的常数，可由其他方法测定。

大分子化合物特性黏度［η］可通过测定大分子稀溶液的黏度 η 来获得。特性黏度［η］与其他黏度的关系见表 7-1。

表 7-1　几种黏度的名称和定义

名称	定义
相对黏度 η_r	η/η_0
增比黏度 η_{sp}	η/η_0-1
比浓黏度 η_{sp}/c	$\dfrac{\eta_r-1}{c}$
特性黏度［η］	$[\eta]=\lim\limits_{c\to 0}\dfrac{\eta_{sp}}{c}=\lim\limits_{c\to 0}\dfrac{\ln\eta_r}{c}$

由［η］的定义看出，［η］是无限稀释溶液的比浓黏度（η_{sp}/c）值，也是无限稀释溶液的 $\ln\eta_r/c$ 值。对于极稀的大分子溶液，由比浓黏度和相对黏度与溶液浓度的经验式［式(7-4) 和式(7-5)］作图（图 7-2），从稀溶液向无限稀释外推可求出［η］，如图 7-2 所示。

$$\frac{\eta_{sp}}{c}=[\eta]+k'[\eta]^2c \tag{7-4}$$

$$\frac{\ln \eta_r}{c} = [\eta] - \beta[\eta]^2 c \tag{7-5}$$

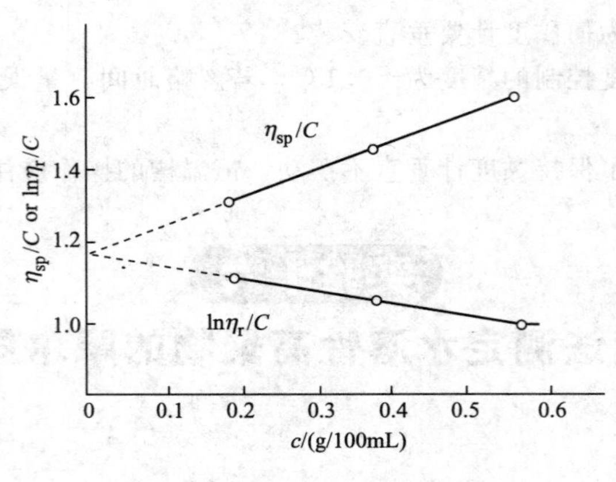

图 7-2　外推法求［η］

大分子稀溶液的黏度η比纯溶剂的黏度η_0大得多，对大分子化合物溶液，相对黏度（$\eta_r = \eta/\eta_0$）的测定采用毛细管法既简便，精确度又高。根据 Poisulle 公式［式(7-6)］，液体的黏度可用 t s 内液体流过半径为 r 长为 L 的毛细管体积 V 来衡量：

$$\eta = \frac{\pi r^4 p}{8LV} t \tag{7-6}$$

式中，p 为毛细管两端的压力差，在重力场中，$p = \rho g h$；ρ为液体的密度；h 为毛细管两端的高度差；g 为重力加速度。

若考虑动能的影响，式(7-6) 修正为：

$$\eta = \frac{\pi r^4 \rho g t}{8(L+\lambda)V}\left(h - \frac{m v^2}{g}\right) \tag{7-7}$$

式中，λ 为毛细管长度校正项；m 是动能校正系数，它是一个接近于 1 的仪器常数；v 是液体在毛细管中的平均流速。

当选用较细的毛细管黏度计时，液体流动较慢，动能校正项很小，可以忽略；一般测量时，选用液体流出时间超过 100s 的黏度计。

对于给定的黏度计，实验上可测出式(7-6) 中各变量，从而计算出绝对黏度值，但常用的方法是在选定温度下，测定相对于参考物质的黏度（相对黏度）。常用的参考物质为蒸馏水。从式(7-6) 看出，要测定给定温度下物质的相对黏度，必须用同一支毛细管分别测量该温度下待测物（1）和参考物质（2）流过毛细管的时间 t_1 和 t_2。

测定溶液的黏度时，溶液很稀，可近似认为$\rho = \rho_0$，故溶液的黏度为：

$$\frac{\eta}{\eta_0} = \frac{\rho_1 t_1}{\rho_0 t_0} \approx \frac{t_1}{t_0} \tag{7-8}$$

本实验采用聚乙烯醇水溶液测定聚乙烯醇的分子量，由于 K 和α 值受温度的显著影响，表 7-2 给出了几个温度下的 K 和α 值。

表 7-2　聚乙烯醇水溶液在不同温度时的 K 和 α 值

温度/℃	K	α
25	2×10^{-2}	0.76

续表

温度/℃	K	α
30	6.66×10^{-2}	0.64
35	16.6×10^{-3}	0.82

注：溶液浓度以 $g\cdot mL^{-1}$ 为单位。

仪器与试剂

1. 仪器

恒温槽一套、乌氏黏度计 1 支、秒表 1 只、洗耳球 1 个、止水夹两个、乳胶管二根、5 和 10mL 移液管各一支。

2. 试剂

$40g\cdot L^{-1}$ 聚乙烯醇水溶液、正丁醇、蒸馏水。

实验步骤

1. 恒温槽温度设置

打开恒温槽电源，将恒温槽温度设置为 (30±0.1)℃。

2. 测定聚乙烯醇水溶液在不同浓度下的流出时间

在已洗净烘干的乌氏黏度计（图 7-3）的 C、B 二管上分别套上乳胶管后，再将黏度计垂直安装并固定在恒温槽内，使 G 球完全浸入水中。准确地量取 10mL 已配好的聚乙烯醇水（溶液浓度为 c_0）由 A 管加到黏度计 F 球内，恒温 15min。用止水夹夹紧 C 管上的乳胶管后，用吸耳球从 B 管缓慢地将溶液吸至 G 球约 2/3 处，放开 C 管的止水夹使空气进入 D 球，接着从 B 管口拿开吸耳球，G 球的液面逐渐下降，当液面达到刻度 a 处，用秒表开始计时，至液面到达刻度 b 处为止。记录液体由刻度 a 流至刻度 b 所需要的时间，重复三次，每次相差不超过 0.2s。

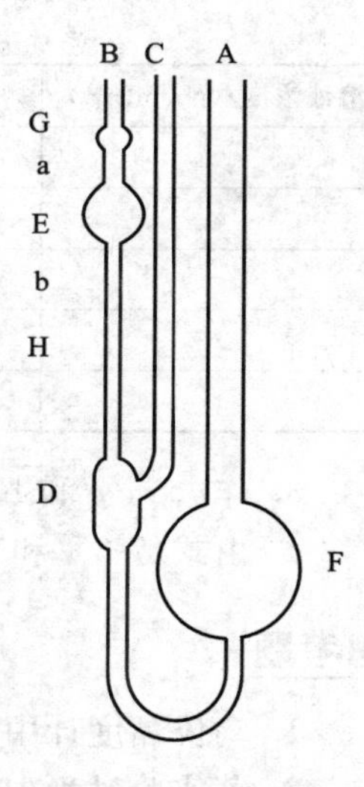

图 7-3　乌氏黏度法

仔细地由 A 管往黏度计中加入 3mL 蒸馏水（溶液浓度为 c_1），用洗耳球小心地抽吸溶液至 G 球的约 2/3 处，再将溶液推下，反复该操作三次，使溶液混合均匀后，测定溶液的流出时间。依次往黏度计加入 5mL 和 5mL 蒸馏水，使溶液浓度分别为 $c_2=[10c_0/(10+3+5)]$ 和 $c_3=[10c_0/(10+3+5+5)]$，分别测定溶液的流出时间。

3. 测定蒸馏水的流出时间

倒出黏度计中的溶液，先用自来水冲洗黏度计多次，每次都要使水流过毛细管，最后用蒸馏水洗黏度计三次，往黏度计加入 20mL 蒸馏水，恒温后，测定水的流出时间。

4. 实验完成后，倒出蒸馏水，将黏度计放入烘箱干燥。关闭恒温槽电源开关。

注意事项

1. 若聚乙烯醇溶液实验前已配制，试验时，如果发现溶液出现浑浊，需重新配制溶液。

2. 在实验过程中，小心毛细管被堵。

3. 在测量过程中，黏度计要保持垂直状态。

数据记录与处理

1. 将测量数据填入下表 1 中。

室温/℃：________　　　　　　　大气压/kPa：________

表 1

恒温槽温度/℃		液体的流出时间/s				
最高温度	最低温度	水	c_0	c_1	c_2	c_3

2. 将表 1 中的数据处理后，填入下表 2 中。

表 2

溶液浓度/($g\cdot mL^{-1}$)	平均流出时间/s	η_r	$\ln\eta_r$	η_{sp}	η_{sp}/c	$\ln\eta_r/c$

3. 作η_{sp}/c-c 和 $\ln\eta_r/c$-c 图，按图 7-2 的方法外推至 $c\to 0$，求出［η］。

4. 由式(7-3) 和表 2 给出的 K 和 α 值，求出聚乙烯醇的平均相对分子质量 M。

思考题

1. 乌氏黏度计中的支管 C 有何作用？去掉支管 C 是否仍可测量黏度？

2. 若实验过程中，因黏度计损坏需要换另一支黏度计进行实验，原先测量的数据是否需要重新测量？

3. 测物质黏度时，为何要使黏度计保持清洁、干燥？

4. 实验成功的关键之一是流过毛细管的液体不含有气泡。为实现这一点，在混匀溶液和测量过程中，操作上应注意那些问题？

实验十七

最大气泡法测溶液的表面张力

实验目的

1. 掌握测定溶液表面张力的一种方法——最大气泡压力法。

2. 通过测定乙醇水溶液的表面张力与溶液浓度的关系，掌握由表面张力数据求表面活性物质单分子横截面积的方法。

3. 了解影响用最大气泡压力法测定溶液表面张力的因素。

实验原理

1. 表面张力与表面活性物质

表面张力是液体的重要性质之一，由于处于液体表面的分子受到不平衡力的作用而具有表面张力，它反映液体表面自动收缩的趋势或吸附情况。液体表面张力的大小与液体所处的温度、压力、液体的组成及共存的另一相的组成等因素有关。对于溶液来说，溶质在溶液表面的吸附情况影响溶液表面张力的数值，这种影响可用Gibbs吸附公式来描述。

$$\Gamma=-\frac{c}{RT}\left(\frac{\partial\sigma}{\partial c}\right)_T \tag{7-9}$$

式中，Γ 为气-液界面上的吸附量（$\Gamma=c_{表面}-c$），$mol\cdot m^{-2}$；σ 为溶液的表面张力，$mN\cdot m^{-1}$；T 为热力学温度，K；c 为溶液浓度，$mol\cdot m^{-3}$；R 为气体普适常数，$8.314J\cdot mol^{-1}\cdot K^{-1}$。

当 $\Gamma>0$，溶液表面浓度高于溶液浓度，称为正吸附，表明加入的溶质使溶液表面张力下降，此类物质称表面活性物质；当 $\Gamma<0$，溶液表面浓度低于溶液浓度，称为负吸附，加入此类溶质使表面张力增加。

表面活性物质的结构特征是由亲水的极性部分和憎水的非极性部分构成。对于有机化合物来说，表面活性物质的极性部分一般包含$—NH_2$、$—OH$、$—SH$、$—COOH$、$—SO_2OH$等。而非极性部分则为$RCH_2—$，当表面活性物质溶于水时，溶质分子在溶液表面的排列情况如图7-4所示。

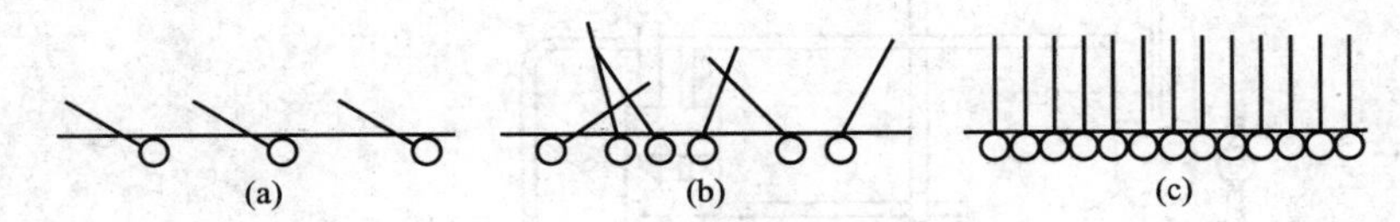

图7-4　表面活性物质分子在溶液表面的情况

图7-4(a)～图7-4(c) 说明了相同溶质的溶液在一定温度、浓度不同的情况下溶质分子在溶液表面的排列情况。图7-4(c) 为溶质分子完全占据了溶液表面形成单分子饱和吸附层的情形。此时，溶液表面吸附量与溶液浓度之间的关系可用Langmuir等温方程式［式(7-10)］表示。

$$\Gamma=\Gamma_\infty\frac{Kc}{1+Kc} \tag{7-10}$$

式中，Γ_∞ 为饱和吸附量；K 为经验常数。

由Gibbs公式，将式(7-10) 转化为：

$$\frac{c}{\Gamma}=-\frac{RT}{\left[\left(\frac{\partial\sigma}{\partial c}\right)T\right]}=\frac{c}{\Gamma_\infty}+\frac{1}{KT_\infty} \tag{7-11}$$

$\frac{c}{\Gamma}$-c 为线性关系，直线斜率为（Γ_∞）$^{-1}$，可直接求出 Γ_∞。

$\left[\left(\frac{\partial\sigma}{\partial c}\right)T\right]^{-1}$-$c$ 为线性关系，直线斜率为 a，可用式(7-12) 求出 Γ_∞。

$$\Gamma_\infty=-\frac{1}{aRT} \tag{7-12}$$

在饱和吸附时，溶质分子在溶液界面铺满一单分子层，可由 Γ_∞ 求出溶质分子的横截面

积 S。

$$S=\frac{1}{\Gamma_{\infty} N_{\mathrm{A}}} \tag{7-13}$$

2. 表面张力测试方法

测定溶液表面张力有多种方法，如吊环法、滴重法、滴体积法、毛细管上升法、最大气泡法等，其中最大气泡法是一种较为简便的方法，其装置如图 7-5 所示。它是利用弯曲液面产生的附加压力的原理，当表面张力仪中的毛细管截面与待测溶液的液面相接触时，液面沿毛细管上升。打开抽气瓶 A 的活塞放水，水缓慢下滴使瓶 B 的压力减小，此时随着瓶内压力降低由于毛细上端管口与大气相通，大气压将毛细管内的液面压至毛细管下端口，使毛细管中上升的液体被压出，最后压出的液体形成气泡，当毛细管液面承受的压力稍大于毛细管口溶液的表面张力时，气泡就从毛细管口逸出。其毛细管上升产生的压力差可由压差计测出。

$$\Delta p=p_{\max}-p \tag{7-14}$$

压力差或毛细管上升的高度与表面张力的关系为：

$$\Delta p=\frac{2\sigma}{r}=\rho g\,\Delta h \tag{7-15}$$

式中，σ 为溶液表面张力；ρ 为溶液的密度；g 为重力加速度；Δh 为溶液在毛细管中上升的高度；r 为毛细管半径。

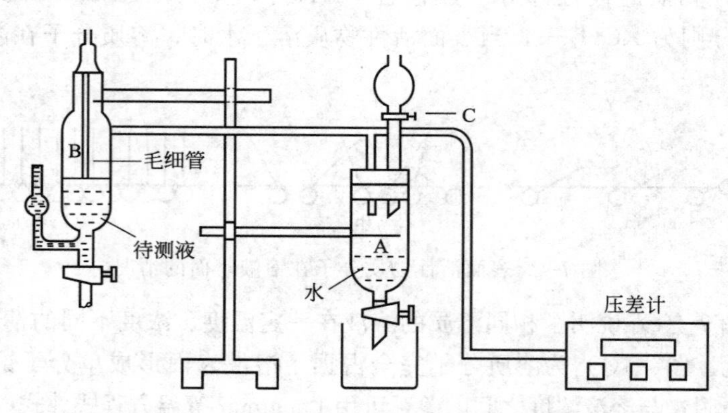

图 7-5　最大气泡法测液体表面张力装置

在同一温度下，用同一表面张力仪（毛细管和压力计相同）测量，已知某一液体的表面张力，可以通过测定出的压差比求出待测溶液的表面张力，其计算关系如下：

$$\frac{\sigma_1}{\sigma_2}=\frac{\Delta p_1}{\Delta p_2} \tag{7-16}$$

乙醇具有表面活性物质的结构特点，属于表面活性物质，本实验通过测定不同浓度的乙醇水溶液的表面张力来了解该溶液表面张力随溶液浓度的变化情况，进而求出 Γ_{∞}。

仪器与试剂

1. 仪器

表面张力测试装置一套、400mL 烧杯 2 个、50mL 容量瓶 7 个、(2mL、5mL 和 10mL) 的移液管各 1 支。

2. 试剂

无水乙醇（AR）。

实验步骤

1. 溶液的配制

取7个50mL的容量瓶，编号后，按表7-3要求量准确将无水乙醇移入50mL容量瓶中，加入蒸馏水稀释到刻度，配成50mL的乙醇水溶液。

表7-3　乙醇水溶液的配制　　　温度/℃：________

序号	1	2	3	4	5	6	7
乙醇体积/mL	1.00	2.00	3.00	4.00	6.00	8.00	10.00

2. 检查装置气密性

在图7-5测量装置中，首先从A瓶上的滴液漏斗向A瓶中加入适量的水，并使旋塞C处于与大气相通状态，然后向B瓶中加入蒸馏水或待测液并安装好毛细管，再调节B瓶下端的旋塞使液面恰好与毛细管端面相切，在调节时要保证A瓶上端旋塞C处于打开状态，打开数字压差计开关并进行“采零”。再用夹子将毛细管上端安装的乳胶管用夹子夹好后关闭旋塞C，打开A瓶下端口的旋塞使A瓶中水缓慢地流出，此时测量装置系统压力减小，并使数字压差计有压差数字显示，关闭放水旋塞，观察数字压差计的压差值是否稳定。如果在1min内压差值不变，则说明测试系统的气密性好，若压差值变化大，则需要重新检查接口处，直至其不漏气为止。

3. 已知表面张力水的毛细管上升的压差测定

检查气密性后，向B瓶中加入蒸馏水并安装好毛细管，再调节B瓶下端的旋塞使液面恰好与毛细管端面相切，在调节时要保证A瓶上端旋塞C处于打开状态，此时对数字压力计进行“采零”。“采零”后即关闭旋塞C，调节A瓶下端口的旋塞使A瓶中水缓慢地流出，此时测量装置系统压力减小，可观察到B瓶溶液中毛细管口有气泡逸出，慢慢调节A瓶下端的旋塞控制溶液中毛细管端口的气泡逸出速度，调节压差计的数值跳动间隔在0.005～0.008之间为宜。从压差计读出最大压差值，平行记录三次最大压差值，并注意压差是否平稳地出现。

4. 乙醇-水溶液毛细管上升的压差测定

旋动B瓶下端的旋塞使水排出后，用待测的乙醇水溶液清洗3～5次以保证溶液浓度的准确，注意少量多次，避免溶液浪费太多不够测量；重复实验步骤3的操作，测定溶液的压差值，按照由稀到浓的顺序依次进行测定，根据步骤3和4的测试结果用式(7-16）计算出不同浓度溶液的表面张力。

5. 完成实验后，放出测试装置中的待测液和水溶液并对B瓶和毛细管进行清洗。

注意事项

1. 测试装置不能漏气。
2. 毛细管必须干净不能被其他有机物污染。
3. 测试最大压差时必须先“采零”。

数据记录与处理

1. 将实验数据填入表中。

序号	1	2	3	4	5	6	7	纯水
$\Delta p_{最大}$								
$\Delta p_{最大}$								
$\Delta p_{最大}$								
$\Delta p_{平均值}$								

2. 查出实验温度下水、乙醇的密度及水的表面张力，计算溶液的浓度和表面张力，表面吸附量等相关量填入下表。

序号	1	2	3	4	5	6	7	纯水
$c/(\mathrm{mol\cdot dm^{-3}})$								
$\sigma/(\mathrm{N\cdot m^{-1}})$								
$(\partial\sigma/\partial c)_T^{-1}$								
Γ								
c/Γ								

3. 作 σ-c 图，在 σ-c 图中的曲线上取 10 个点用镜面法求$\left(\frac{\partial\sigma}{\partial c}\right)_T$（方法见绪论部分物理化学实验数据的表达方法中的作图法）。

4. 作$\left[\left(\frac{\partial\sigma}{\partial c}\right)_T\right]^{-1}$-$c$ 图，求直线斜率根据式(7-13) 求出 Γ_∞；或做 c/Γ-c 图求直线斜率为 $(\Gamma_\infty)^{-1}$求出 Γ_∞，最后根据式(7-14) 计算出乙醇分子的截面积。

5. 作 Γ-c 图，得出吉布斯吸附等温线可以推算出 Γ_∞，并与数据记录与处理 4 的方法求出的结果做一比较。

思考题

1. 本实验结果的准确与否主要取决于哪些因素？
2. 毛细管尖端为何要刚好与液面接触？
3. 若系统漏气，本实验能否进行？为什么？
4. 测试最大压差时为何要先对数字压力计“采零”？

实验十八
连续流动法测固体的比表面

实验目的

1. 掌握比表面积测定仪的使用方法。
2. 了解连续流动法测定固体比表面积的原理。
3. 了解并掌握色谱热导检测器检测原理及色谱峰面积定量方法。

实验原理

固体比表面积是评价多孔固态物质的一项指标，固体比表面积的测定在吸附材料和催化研究方面有广泛的应用。测量固体表面积有多种方法，一般利用固体表面对气体的物理吸附作用进行测量。由于物理吸附大部分为多分子层吸附。常采用的吸附模型为BET吸附等温式。

$$\frac{p}{V(p_s-p)}=\frac{1}{V_mC}+\frac{(C-1)}{V_mC}\times\frac{p}{p_s} \tag{7-17}$$

式中，p 为吸附平衡压力；p_s 为吸附平衡温度下吸附质的饱和蒸气压；p/p_s 称为相对压力；V 为相对压力 p/p_s 时的吸附量（已换算成标准状况下吸附质气体的体积）；V_m 为吸附质在吸附剂表面上形成单分子层时的吸附量（已换算成标准状况下吸附质气体的体积）；C 为与吸附热有关的常数。

式(7-17) 包含的常数 C 和 V_m，可由实验测定不同相对压力 p/p_s 下对应的吸附量 V，以 $p/V(p_s-p)$ 为纵坐标，以 p/p_s 为横坐标作图，所得直线的斜率 a 与截距 b 求出。

$$a=\frac{(C-1)}{V_mC},b=\frac{1}{V_mC} \tag{7-18}$$

$$V_m=\frac{1}{a+b} \tag{7-19}$$

若已知表面上每个被吸附分子的截面积，则可计算吸附剂的比表面积 S：

$$S=\frac{V_mN_A\sigma}{22400W}=4.36\ \frac{V_m}{W}(\mathrm{m^2\cdot g^{-1}}) \tag{7-20}$$

式中，N_A 为阿伏加德罗常数；W 为吸附剂质量，g；σ 为一个吸附质分子的截面积（对于 N_2 分子，$\sigma=16.2\times10^{-20}\mathrm{m^2}$）。

由于模型的限制及多孔固体表面性质，BET公式(7-17) 仅在相对压力 p/p_s 为 0.05～0.35 时适用。

利用固体表面对气体的物理吸附作用测定比表面的方法分为静态法和流动法。静态法需要高真空系统，设备复杂且涉及有毒的Hg，操作繁琐，测量时间长，但数据的准确度和精密度很高；流动法需要用色谱热导检测器（TCD），对吸附质气体被固体吸附或脱附时，产生的吸附量进行测量，该法设备简单，测量时间短。在流动法中，连续流动法不能测量吸附等温线的全程，但无需进行死体积的测量，操作和数据处理也较简单，因而得到广泛应用。连续流动法测量比表面积的流程见图7-6。

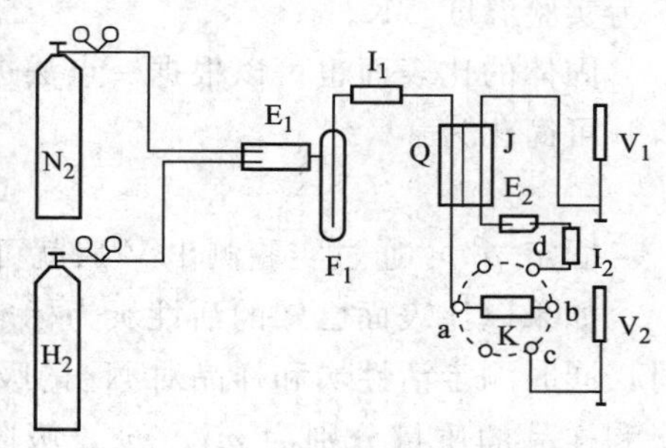

图7-6 连续流动法测定吸附量的流程图

在图7-6中，以氮（N_2）为吸附质，以氦气（He）或氢气（H_2）作载气。由高压气瓶流出的 N_2 和载气氢气在混合器 E_1 中均匀混合后，混合气体经净化冷阱 F_1、恒温管 I_1 后，流入热导池的参考臂Q，经过样品管K流出，过恒温管 I_2 和混合器 E_2，过热导池的测量臂J，最后经过流量计放空。

用流量计分别测量氮气和混合气体的流量 R_1 和 R_t，用氧蒸气温度计测定氮气的饱和蒸气压后，可计算相对压力：

$$\frac{p}{p_s}=\alpha\frac{p_a}{p_s}=\frac{R}{R_t}\times\frac{p_a}{p_s} \tag{7-21}$$

式中，p_a 为大气压。

实验中以一定比例的 N_2、H_2 混合气先后流经热导池的参考臂和测量臂，如果混合气中

的 N_2 未被固体样品吸附，则热导检测器不产生响应，如果将样品管置于液氮浴中，则混合气中的 N_2 被固体样品吸附，而 H_2 未被吸附，此时混合气组成发生了变化，热导检测器产生响应，这时记录仪记下吸附峰；如果移走液氮浴，则被吸附的 N_2 从固体表面脱附，这时热导检测器又产生响应，记录仪记下脱附峰。通常以脱附峰的面积代表样品的吸附量，为了标定脱附峰面积。必须在相同的载气成分及流速条件下，在得到脱附峰后，通过六通阀上的定量管将一定量的纯 N_2 注入混合气中，在相同流速和电路条件下可得标定峰，也可在相同条件下用比表面积已知的标准样品进行标定，如图 7-7 所示。

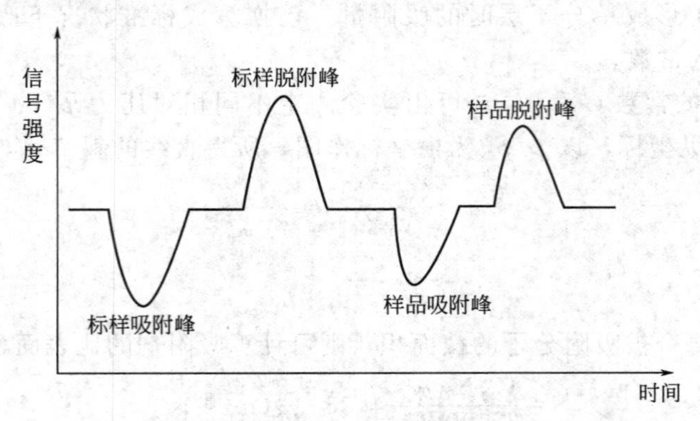

图 7-7　样品吸附氮气时的出峰示意图

通过测量脱附峰的面积 A 和标定峰面积 A_a 可测出吸附量 V，V 应换算为标准状态下的气体体积，计算如下：

$$V=V_a'\cdot A/A_0=A/A_0\cdot V_a\cdot 273p_0/101325T=2.694\times10^{-3}\cdot p_0V_a/T\cdot A/A_a \quad (7\text{-}22)$$

式中，V_a'为 V_a（标定所用 N_2 的体积）在标准状况下的校正值；p_0 为实验室大气压；T 为实验温度，K。

固体的比表面也可以根据一点法进行测定。对大多数固体、$C\gg1$，截距≈0，所以式(7-17) 可简化为：

$$V(1-p/p_s)=V_m \quad (7\text{-}23)$$

固定 p/p_s 通过实验测出 V 后就可求出 V_m，进而求出固体的比表面积。

如果以比表面已知的活性炭为标准物质，以 N_2 为吸附质，在液氮温度和其他条件相同时，同时测定活性炭和样品对 N_2 的吸附量，就可以很方便地得到样品的比表面积。设活性炭和样品的质量分别为 m_s、m_x，吸附量分别为 V_s、V_x，（相应的脱附峰面积分别为 A_s、A_x)，比表面积分别为 S_s、S_x，则结合式(7-20) 和式(7-23)，得到以下关系式：

$$V_s/V_x=V_{m,s}/V_{m,x}$$

$$S_s/S_x=V_{m,s}/V_{m,x}\times m_x/m_s=V_s/V_x\times m_x/m_s=A_s/A_x\times m_x/m \quad (7\text{-}24)$$

由于峰面积很容易用归一化法通过计算机处理得到，因此比表面的测定过程很容易实现自动控制。本实验所采用的 SSA-3600 型全自动比表面测量仪就是依据此原理设计的。

仪器与试剂

1. 仪器

SSA-3600 型全自动比表面测量仪、氮气钢瓶、氢气钢瓶、液氮、电子天平、U 形样品管、脱脂棉。

2. 试剂

氧化铝粉体、活性炭（比表面积 $85m^2 \cdot g^{-1}$）。

实验步骤

1. 将氧化铝粉体、样品管和盛有1g标准活性炭的样品管放在120℃烘箱内干燥处理30min后置于干燥器中冷却至室温。

2. 在电子天平上准确称量干燥并恒重的样品管，然后称取0.5～1g氧化铝粉体置于样品管中，再于电子天平上准确称量含氧化铝的样品管质量并计算出氧化铝的实际质量，最后在样品管两端塞上少许脱脂棉。与盛标准活性炭的样品管一并安装到SSA-3600型比表面测量仪上。

3. 打开装有 N_2 和 H_2 的混合气钢瓶减压阀（N_2 和 H_2 以1∶4预先混合），调节气体压力约为0.15MPa，再打开仪器开关使仪器预热。

4. 将液氮小心倒入3个保温瓶中，其中一个置于冷阱位置，另两个置于样品管下方位置。通过控制面板指令将保温瓶升至相应高度，使样品浸入液氮中。

5. 调节混合气体流速为 $10mL \cdot min^{-1}$，待流速稳定后，在电脑上按操作面板提示输入和设置相关参数（如样品质量、流速等），点击"开始测定"，等待仪器给出实验结果。

6. 改变混合气体流速分别为 $20mL \cdot min^{-1}$、$30mL \cdot min^{-1}$、$40mL \cdot min^{-1}$、$60mL \cdot min^{-1}$，重复测定氧化铝的比表面积。

7. 实验结束后，关闭仪器电源开关、气体钢瓶减压阀（注意放掉减压阀内余气，使减压阀指针回零）。回收剩余液氮，取下样品管并洗净烘干。

注意事项

1. 先打开气体钢瓶通气后再打开仪器主机开关。
2. 要将样品管浸入盛液氮的保温瓶后再调节气体流速。
3. 实验结束后，先关闭仪器电源开关，再关闭气体钢瓶减压阀。
4. 要避免液氮溅到手上。

数据记录与处理

记录实验数据，并将实验结果列于表1中。

样品管质量 m_1/g：________　（样品管＋样品）质量 m_2/g：________

样品质量 m/g：________　活性炭比表面积/($m^2 \cdot g^{-1}$)：________

表1　不同混合气体流速时测得的样品比表面积

混合气体流速/($mL \cdot min^{-1}$)	10	20	30	40	50	60
样品比表面积/($m^2 \cdot g^{-1}$)						

思考题

1. 用冷阱净化气体时，能除去什么杂质？
2. 影响固体吸附的因素主要有哪些？本实验可能从哪些方面引起测量误差？如何克服？
3. 从所得到的比表面测量结果来看，你认为混合气体流速多少为宜？说明理由。

第8章 结构化学实验

实验十九 磁化率的测定

实验目的

1. 掌握Gouy磁天平测定物质磁化率的实验原理和技术。

2. 通过对一些配合物磁化率的测定，计算中心离子的不成对电子数，判断d电子的排布情况和配位体场的强弱。

实验原理

1. 物质的磁性

磁性是任何一种物质材料都具有的属性，只不过表现形式和程度有所不同。物质的磁性常用磁化率X或磁矩表示。根据物质磁性的起源、磁化率的大小和温度的关系，可将物质的磁性分为五类，列于表8-1。

表8-1 物质的原子、分子或离子在外磁场中的几种磁化现象

种类	磁化率X及其随温度变化	物质的结构及受磁场影响的特点
逆磁	<0,($\approx 10^{-6}$) 不随温度变化	逆磁性物质中全部电子在原子轨道或分子轨道上都已成对，没有永久磁矩，在外磁场作用下，其电子运动被感应出诱导磁矩，磁矩的方向与外磁场方向相反，强度与外磁场强度成正比，随外磁场消失而消失。$\mu<1$，$X_M<0$
顺磁	>0,($10^{-3}\sim10^{-6}$) 随温度升高而降低	原子、分子或离子本身具有磁矩（永久磁矩）μ_m的物质在外磁场作用下，永久磁矩顺外磁场方向排列，磁化方向与外磁场方向相同，强度与外磁场强度成正比，同时，也被感应出诱导磁矩，物质在外磁场下表现的磁场是两者作用的总和。其摩尔磁化率X_M是摩尔顺磁化率X_μ和摩尔逆磁化率X_0之和($X_M=X_\mu+X_0$)，$\mu>1$，$X_M>0$
铁磁性	>0，数值很大 随温度升高而升高	每个原子都有几个未成对电子，原子磁矩较大，且相互间具有一定作用，使原子磁矩平行排列，是强磁性物质，如金属铁和钴等材料。物质被磁化的强度随外磁场强度的增加剧烈增加，与外磁场强度之间不存在正比关系，物质的磁性不随外磁场的消失而同时消失
亚铁磁性	>0，数值很大 随温度升高而升高	相邻原子磁矩部分呈现反平行排列。物质被磁化的强度随外磁场强度的增加剧烈增加，与外磁场强度之间不存在正比关系，物质的磁性不随外磁场的消失而同时消失
反铁磁性	>0，数值较小与顺磁物质相近 $>T_N$随T升而降；$<T_N$随T升而升。	在奈尔温度以上呈顺磁性，在低于奈尔温度时，因磁矩间相邻原子磁矩呈现相等的反平行排列，磁化率随温度降低而减小，其磁性在磁场中的变化复杂

逆磁性物质、顺磁性物质和反铁磁性物质的磁化率都很小，它们都属于弱磁性物质，当一块永久磁铁靠近这些物质时，它们既不被吸引也不被排斥。对弱磁性物质磁性的研究是了解物质内部电子组态的重要依据。

2．磁化率

物质在外磁场（强度 H）的作用下会被磁化产生一附加磁场 B'。此时物质的磁感应强度为

$$B=B_0+B'=\mu_0 H+B' \tag{8-1}$$

式中，B_0 为外磁场的磁感应强度；B'为物质被磁化时产生的附加磁感应强度；μ_0 为真空磁导率（$\mu_0=4\pi\times10^{-7}\mathrm{N\cdot A^{-2}}$）。

物质的磁化可用磁化强度 M 描述，M 是矢量，它与磁场强度成正比。

$$M=XH \tag{8-2}$$

式中，X 为物质的体积磁化率，无量纲，是物质的一种宏观磁性质。

$$B'=\mu_0 M=X\mu_0 H \tag{8-3}$$

$$B=(1+\chi)\mu_0 H=\mu\mu_0 H \tag{8-4}$$

式中，μ 为物质的磁导率。

化学上常用质量磁化率χ_m 或摩尔磁化率χ_M 表示物质的磁性质。

质量磁化率：

$$\chi_\mathrm{m}=\chi/\rho \tag{8-5}$$

摩尔磁化率：

$$\chi_\mathrm{M}=M\chi_\mathrm{m}=M\chi/\rho \tag{8-6}$$

式中，ρ为物质的密度；M 为物质的摩尔质量；χ_m 单位为 $\mathrm{m^3\cdot kg^{-1}}$；$\chi_\mathrm{M}$ 单位为 $\mathrm{m^3\cdot mol^{-1}}$。

3．分子磁矩与磁化率

物质的磁性与组成物质的原子、离子或分子结构有关，当原子、离子或分子的两个自旋状态电子数不相等，即有未成对电子时，物质就具有永久磁矩。由于分子热运动，永久磁矩指向各个方向的机会相同，所以该磁矩的统计值为零。在外加磁场作用下，具有永久磁矩的原子、离子或分子的磁矩会顺着外加磁场的方向排列，表现为顺磁性。

居里（P. Curie）发现，不考虑分子间的相互作用，物质的摩尔顺磁化率χ_μ 与热力学温度成反比，运用统计力学方法导出物质的摩尔顺磁化率χ_μ 与永久磁矩μ_m 的关系如下：

$$\chi_\mu=\frac{C}{T}=\frac{L\mu_\mathrm{m}^2\mu_0}{3kT} \tag{8-7}$$

式中，L 为阿伏加德罗常数；k 为玻尔兹曼常数；T 为热力学温度。

分子的摩尔逆磁化率χ_0 与温度的依赖关系很小，具有永久磁矩的物质的摩尔磁化率χ_M 与磁矩的关系为：

$$\chi_\mathrm{M}=\chi_0+\frac{L\mu_\mathrm{m}^2\mu_0}{3kT}\approx\frac{L\mu_\mathrm{m}^2\mu_0}{3kT} \tag{8-8}$$

通过测量物质的摩尔磁化率χ_M，可以获知物质的永久磁矩μ_m 的数值。

物质的顺磁性质与电子的自旋有关，若原子、分子或离子中两种自旋状态的电子数不同时，物质在外磁场中呈现顺磁性，因此，只有存在未成对电子的物质才具有永久磁矩，才能在外磁场中表现出顺磁性。对于可以不计轨道磁矩贡献的化合物，物质的永久磁矩μ_m 由未成对电子贡献，磁矩与未成对电子数 n 的关系为：

$$\mu_\mathrm{m}=\sqrt{n(n+2)}\mu_\mathrm{B} \tag{8-9}$$

$$\mu_B = \frac{eh}{4\pi m_e} = 9.274 \times 10^{-24} (\text{J} \cdot \text{T}^{-1}) \tag{8-10}$$

式中，μ_B 为 Bohr 磁子；h 为 Planck 常数；m_e 为电子的质量。

（1）配位化合物

根据配位场理论，过渡金属元素离子 M 的 d 轨道与配体分子轨道按对称性匹配的原则重新组合成新的群轨道。在配合物 ML_n 中，处于中心位置的 M 原子的 5 个 d 轨道受配体作用的情况不同，产生能级分裂的情况不同。八面体场 ML_6 配合物，M 的 5 个 d 轨道（d_{xy}、d_{xz}、d_{yz}、$d_{x^2-y^2}$、d_{z^2}）受配体作用产生能级分裂，分成两组能量相差为 Δ（称为轨道分裂能）的轨道（t_{2g} 和 e_g^*），t_{2g} 有三个能量相同的轨道，其能量低于 e_g^* 轨道，e_g^* 有两个能量相同的轨道，配位化合物电子自旋情况与轨道分裂能 Δ 与电子成对能 P 的相对大小有关。而轨道分裂能 Δ 的大小与中心离子 M 的价态、中心离子 M 的元素位于元素周期表的位置和配体的强弱有关。实验表明，当中心离子 M 的价态不变时，在强场配体（如 CN^-、NO_2 等）的影响下，$\Delta > P$，形成低自旋配合物，配合物的不成对电子数少；而在弱场配体（如 H_2O、X^- 等）的影响下，$\Delta < P$，形成高自旋配合物，配合物的不成对电子数多。亚铁化合物 $K_4[Fe(CN)_6]$ 表现出逆磁性，配合物离子 $[Fe(CN)_6]^{4-}$ 的电子组态为 $t_{2g}^6 e_g^{*0}$，为低自旋配合物。亚铁化合物 $FeSO_4 \cdot 7H_2O$ 由于配合物离子 $[Fe(H_2O)_6]$ 的电子组态为 $t_{2g}^4 e_g^{*2}$，表现出顺磁性。因此，利用式(8-9) 物质的磁矩与未成对电子的关系可以研究配位化合物中心离子的电子结构。

（2）有机化合物

对于有机化合物，Pascal 发现每一个化学键有确定的磁化率数值，将有机化合物所包含的各个化学键的磁化率加和，得到有机化合物的磁化率，利用磁性质的加和规律，可通过测定新化合物的磁化率来推断该化合物的分子结构。

4. 磁化率的测定

物质的摩尔磁化率 χ_M 可用核磁共振波谱和磁天平法测定，本实验采用 Gouy 磁天平法，装置示意图如图 8-1 所示。

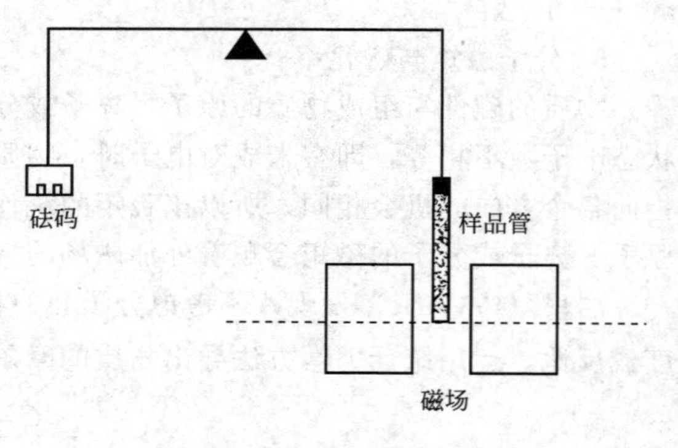

图 8-1　Gouy 磁天平示意图

将装有样品的平底玻璃管悬挂在天平的一端，样品的底部置于永磁铁两极中心（此处磁场强度最强），样品的另一端置于在磁场强度可忽略不计的位置，此时样品管处于一个不均匀磁场中，沿样品管轴心方向，存在一个磁场强度梯度 dH/dS，若忽略空气的磁化率，作用于样品管上的力 f 为：

$$f = f_0^H \chi A H (dH/dS) dS = \frac{1}{2} \chi H^2 A \tag{8-11}$$

式中，A 为样品的截面积；f_0^H 可通过天平称量变化得到。

在无磁场和有外加磁场时，称量空样品管的质量分别为 $W_{空}$ 和 $W'_{空}$；称量装有样品的样品管质量分别为 $W_{样+空管}$ 与 $W'_{样+空管}$。

$$\Delta W_1 = W'_{空} - W'_{空}$$
$$\Delta W_2 = W'_{样+空管} - W_{样+空管}$$

$$\Delta W_2-\Delta W_1=\Delta W\text{(为施加磁场前后的质量差)}$$

$$f=\Delta Wg=\frac{1}{2}\chi H^2A \tag{8-12}$$

$$\text{整理得:}\chi=\frac{2\Delta Wg}{H^2A} \tag{8-13}$$

将摩尔磁化率与磁化率关系式：$\chi_M=M\chi/\rho$，代入式(8-13) 得：

$$\chi_M=\frac{2M(\Delta W)g}{\mu_0 H^2A\rho} \tag{8-14}$$

将$\rho=W/hA$ 关系代入式(8-14) 得：

$$\chi_M=\frac{2Mh(\Delta W)g}{\mu_0 H^2W} \tag{8-15}$$

式(8-14) 和式(8-15) 中，A 为装填样品的截面积，m^2；M 为样品的摩尔质量，$kg\cdot mol^{-1}$；g 为重力加速度，$9.8m\cdot s^{-1}$；ρ为装填样的密度；h 为样品装填的高度，m；W 为在一定磁场强度下的样品质量，kg；ΔW 为施加磁场前后的质量差，kg；χ_M 为摩尔磁化率，$m^3\cdot mol^{-1}$；H 为磁场两极中心处的磁场强度，$A\cdot m^{-1}$，用高斯计直接测量，或用已知质量磁化率的标样间接标定。

本实验用已知摩尔磁化率的莫尔盐为标准样，计算出一定励磁电流下的磁场强度，根据样品的装填高度 h、质量差 ΔW 和 H 为已知的条件下可以直接用式(8-15) 求出χ_M。另外，还可以根据式(8-15)，不需要计算出磁场强度，通过实验测得的施加磁场前后的质量差 ΔW 及在一定磁场强度下的样品质量，在装填样品的密度和装填样品的高度相同的条件下用式(8-15) 相比得出式(8-16)：

$$\frac{\chi_M^{\text{标}}}{\chi_M^{\text{待测}}}=\frac{M^{\text{标}}(\Delta W)^{\text{标}}W_{\text{待测}}}{M^{\text{待测}}(\Delta W)^{\text{待测}}W_{\text{标样}}} \tag{8-16}$$

通过式(8-16) 即可求出待测样品的摩尔磁化率。

将实验测得的样品摩尔磁化率代入式（8-8）求出磁矩，再根据式(8-9) 求出未成对电子数，即可完成对配合物中心离子 d 电子结构的判断。

由于历史原因，目前在文献和手册中磁化学仍采用静电单位制（CGSE)，磁感应强度的单位用高斯（G)，它与国际单位制（SI）的特斯拉（T）换算关系为：

$$1T=10000G$$

磁场强度是反映外磁场性质的物理量，与物质的磁化学性质无关。习惯上采用的单位为奥斯特（Oe)，它与国际单位 $A\cdot m^{-1}$的换算关系为：

$$1Oe=(4\pi\times10^{-3})^{-1}A\cdot m^{-1}$$

真空的导磁率$\mu_0=4\pi\times10^{-7}N\cdot A^{-2}$，空气的导磁率$\mu_{\text{空}}\approx\mu_0$，

$$B=\mu H=10^{-4}T=1G$$

在空气介质中，1 奥斯特的磁场强度所产生的磁感应强度正好是 1 高斯，二者单位虽然不同，但在量值上是等同的。习惯上用测磁仪器测得的“磁场强度”实际上指在某一介质中的磁感应强度，单位用高斯，故测磁仪器称为高斯计。

影响物质磁化率测量准确性的因素主要有：样品纯度、样品堆积均匀程度、励磁电流的稳定性。一般测量选择 AR 级纯度的样品，为了使样品均匀堆积，将固体样品研磨为小颗粒，粒度大体均匀的粉末，装样时要均匀填实。励磁电流的稳定性与电源稳定性有关，也与

电流通过磁铁线圈时磁铁是否发热有关。磁铁发热使线圈电阻增加，导致电流与磁场强度变化，测量结果难以重现（测量精确度低）。为防止磁铁发热，在磁铁外部通足够的冷却水维持磁铁温度的稳定。此外，励磁电流的大小不同，稳定程度也不同，应根据待测物质的磁化率选择励磁电流。一般，低磁化率的样品选择较大的励磁电流，高磁化率样品选择较小（不能太小）的励磁电流。

仪器与试剂

1. 仪器

MT-1 型永磁天平一台、平底软质玻璃样品管一支（长 100mm、外径 10mm）、装样品工具一套（包括研钵、角匙、小漏斗、竹针、脱脂棉、玻璃棒、橡皮垫等）。

2. 试剂

莫尔盐 $(NH_4)_2SO_4 \cdot FeSO_4 \cdot 6H_2O$（AR）、$FeSO_4 \cdot 7H_2O$（AR）、$K_4[Fe(CN)_6]$（AR）。

实验步骤

1. 用高斯计测量特定励磁电流值（3A 和 4A）和对应的磁场强度值

由小到大（0→3A）平稳地调节励磁电流，用高斯计测出 3A 电流下的磁场强度值；再调节励磁电流（3→4A），测出 4A 电流下的磁场强度值；将电流升到 5A 后，再将电流从 5A 缓降至 4A，测出 4A 电流时的磁场强度值；将电流从 4A 缓降到 3A，测出 3A 电流时的磁场强度值。把电流降为零，重复上述操作再次测量励磁电流值和对应的磁场强度值。

2. 用已知 χ_M 的莫尔氏盐标定特定励磁电流值所对应的磁场强度值

（1）空样品管质量的测定　取一支清洁、干燥的空样品管悬挂在古埃磁天平的挂钩上，使样品管底部正好与磁极中心线齐平，准确称得空样品管质量 $W_{空(0)}$；然后将励磁稳流电流开关接通，由小到大平稳调节励磁电流（0→3A），迅速且准确称取 3A 时空样品管质量 $W_{空(1)}$；再调节励磁电流（3→4A），称出 4A 电流时空样品管质量 $W_{空(2)}$；将电流升到 5A 后，再将电流缓降至 4A，称出 4A 电流时空样品管质量 $W_{空(2)}$；将电流从 4A 缓降至 3A，称出 3A 电流时空样品管质量 $W'_{空(1)}$；再将电流降为零，称出无磁场时空样品管质量 $W_{空(0)}$。同法重复上述操作再次测量空样品管的质量

（2）采用莫尔盐（已知摩尔磁化率）标定磁场强度　取下样品管，将预先用研钵研细的莫尔盐通过小漏斗装入样品管，装入样品的过程中不断在木垫上敲击样品管的底部，使粉末样品均匀填实，上下一致，端面平整。直至刻度为止（约 150mm 高，用直尺准确量出样品的高度 h，准确至 mm）。按空样品管质量的测定的方法将装有莫尔盐的样品管置于古埃磁天平中，在相应的励磁电流 0A、3A、4A 下进行测量。

测定完毕，将样品管中的将样品松动后倒入回收瓶，然后将样品管洗净、干燥备用。

3. $FeSO_4 \cdot 7H_2O$ 和 $K_4[Fe(CN)_6]$ 磁化率的测定

用标定磁场强度的同一样品管，按步骤 2 的操作方法装入待测样品并进行测量。

注意事项

1. 天平称量时，必须关上磁极架外面的玻璃门，避免空气流动对称量的影响。

2. 励磁电流的变化应平稳、缓慢，调节电流时不宜用力过大。加上或去掉磁场时，勿

改变永磁体在磁极架上的高低位置及磁极间距，使样品管处于两磁极的中心位置，磁场强度前后一致。

3. 装在样品管内的样品要均匀紧密、上下一致、端面平整、高度测量准确，确保测量计算式中密度和高度相同的条件。

数据记录与处理

1. 数据记录

记录下实验温度（实验开始、结束时各记一次温度，取平均值）。按下列表格方式记录实验数据并按要求计算各种数据的平均值。

（1）调节电流用高斯计测出磁场强度。

I/A		磁场强度 H		
		1	2	平均
0	I 增加			
	I 减小			
3	I 增加			
	I 减小			
4	I 增加			
	I 减小			

（2）采用莫尔盐标定特定励磁电流值所对应的磁场强度值，测出样品管在磁场中的质量变化。

平均室温/℃：________　　样品的高度 h/m：________

I/A		$W_{空管质量(I)}$/g				$W_{(莫尔盐+空管)(I)}$/g			
		1	平均	2	平均	1	平均	2	平均
0	I 增加								
	I 减小								
3	I 增加								
	I 减小								
4	I 增加								

（3）记录待测样品在磁场励磁电流变化时的质量变化。

平均室温/℃：________　　样品的高度 h/m：________

I/A		$W_{[(FeSO_4 \cdot 7H_2O+空管)](I)}$/g				$W_{\{K_4[Fe(CN)_6]+空管\}(I)}$/g			
		1	平均	2	平均	1	平均	2	平均
0	I 增加								
	I 减小								
3	I 增加								
	I 减小								
4	I 增加								
	I 减小								

2. 数据处理

(1) 按下列公式和1表格中的数据分别计算 $I=0$、3、4A 时的 $\Delta W_{空管(I)}$、$\Delta W_{标样(I)}$ 和 $\Delta W_{样品(I)}$，并填入下表中。

$$\Delta W_{C,k(I)}=W_{C,K(I)}-W_{C,k(0)}$$
$$\Delta W_{C(I)}=[\Delta W_{C,1(I)}+\Delta W_{C,2(I)}]/2$$

式中，$W_{C,k(I)}$ 表示电流 I 时，C 物（空样品管、样品＋空样品管）第 k 次测出的质量。

I/A	$\Delta W_{空管}$ /g	$\Delta W_{(莫尔盐+空管)(I)}$ /g	$\Delta W_{(FeSO_4\cdot 7H_2O+空管)(I)}$/g	$\Delta W_{(K_4[Fe(CN)_6]+空管)(I)}$/g
0				
3				
4				

I/A	莫尔盐		$FeSO_4\cdot 7H_2O$		$K_4[Fe(CN)_6]$	
	$\Delta W_2-\Delta W_1$/g	W/g	$\Delta W_2-\Delta W_1$/g	W/g	$\Delta W_2-\Delta W_1$/g	W/g
0						
3						
4						

$\Delta W_2-\Delta W_1=\Delta W_{样品+空管(I)}-\Delta W_{空管(I)}$；$W=W_{(I)}=W_{样品+空管(I)}-W_{空管(I)}$。

(2) 由已知莫尔盐的摩尔磁化率 χ_M 和实验数据，计算磁场强度 H，并与用高斯计所测的 H 进行比较，计算出测量误差。

$$\chi_M=9500\times 4\pi\times M\times 10^{-9}/(1+T)$$

式中，M 为莫尔盐的摩尔质量，$kg\cdot mol^{-1}$；T 为热力学温度。

(3) 用 $FeSO_4\cdot 7H_2O$ 和 $K_4[Fe(CN)_6]$ 的实验数据，根据式(8-15) 或式(8-16)、式(8-8) 和式(8-9) 计算样品的 χ_M、μ_m 和 n，根据 n 值和您已学习过的配合物结构知识，讨论实验样品中心离子的 d 电子排布和配体强弱。

(4) 从手册查出室温下 $FeSO_4\cdot 7H_2O$ 和 $K_4[Fe(CN)_6]$ 的 χ_M 分别为 140.7×10^{-9} 和 $-1.634\times 10^{-9}m^3\cdot mol^{-1}$，计算实验结果的相对偏差。

思考题

1. 在不同磁场强度下，测得的样品的摩尔磁化率是否相同？为什么？

2. 试分析影响测定 χ_M 值的各种因素。

3. 为什么实验测得各样品的 μ_m 值比理论计算值稍大些？[提示：式(8-9) 仅考虑顺磁化率由电子自旋运动贡献，实际上轨道运动也对某些中心离子有少量贡献。如铁离子，实验测得的 μ_m 值偏大，由式(8-9) 计算得出的 n 值也稍大于实际的不成对电子数]。

4. 怎样保证实验过程中每一样品装填的密度和高度一致，为什么要一致？

极性分子——乙醇偶极矩的测定

实验目的

1. 理解溶液法测定极性分子偶极矩的基本原理及分子的极化情况与电场频率的关系。

2. 掌握 PGM-Ⅱ数字小电容仪测量溶液介电常数的方法。

实验原理

偶极矩是表示分子中电荷分布情况的物理量。分子的偶极矩μ被定义为分子正负电荷中心所带的电荷量q与正负电荷中心之间的距离d（方向由正到负）的乘积。

$$\vec{\mu}=q\vec{d}$$

分子中原子间距离的数量级为10^{-10}m，电荷的数量级为10^{-20}C，故分子偶极矩的数量级为10^{-30}C·m。偶极矩的数值反映分子极性的大小。

极性分子具有永久偶极矩。在均匀的外电场中，极性分子的偶极矩在电场的作用下趋于定向排列而使分子被极化。分子的极化程度可用摩尔转向极化度P_z衡量。

$$P_z=\frac{4}{9}\pi L\frac{\mu\rho^2}{kT} \tag{8-17}$$

式中，玻尔兹曼常数$k=1.3807\times10^{-23}$J/K；阿伏加德罗常数$L=6.022\times10^{-23}\text{mol}^{-1}$。

无论是极性还是非极性分子，在外电场的作用下，都会发生电子云对分子骨架的相对移动，且分子的骨架也会发生变形，这一现象称为诱导极化，可用摩尔诱导极化度P_Y衡量。P_Y为电子极化度P_e和原子极化度P_A的总和。

$$P=P_z+P_Y=P_z+P_e+P_A \tag{8-18}$$

当外电场为交变电场时，分子的极化情况与交变电场的频率有关。在低频电场（频率低于10^{10}s^{-1}）或静电场中

$$P=P_z+P_e+P_A \tag{8-19}$$

在中频电场（频率在$10^{12}\sim10^{14}\text{s}^{-1}$范围）中，极性分子的转向运动跟不上电场的频率变化，$P_z=0$。在高频电场（频率大于10^{15}s^{-1}）中，极性分子的转向运动和骨架变形跟不上电场的频率变化，$P_z=0$，$P_A=0$。

理论上，利用分子的极化情况与交变电场频率的这种关系，测定分子在不同频率电场中的极化度，可求出P_z，再由式(8-17)求出分子的偶极矩μ。

克劳修斯、莫索蒂和德拜（Clausius - Mosotti-Debye）在假定分子之间无相互作用的前提下，根据电磁理论推导出摩尔极化度P与介电常数ε的关系式(8-20)。

$$P=\frac{(\varepsilon-1)}{(\varepsilon+2)}\times\frac{M_r}{\rho} \tag{8-20}$$

式中，M_r为被测物质的摩尔质量；ρ为该物质的密度；ε可通过实验测量。

分子之间无相互作用的条件适用于气相系统，但测量气相系统ε和ρ的实验难度大，适用面不广。在无限稀薄的非极性溶剂1的溶液中，溶质分子2的状态与其处于气相的状态相近，能近似符合公式(8-20)的要求。

尽管理论上在中频电场可以测量分子的摩尔诱导极化度P_Y，但实验很难做到这一点。通常利用高频电场中，$P_z=0$、$P_A=0$的条件，测量分子的摩尔电子极化度P_e。

根据光的电磁理论，在同一频率的高频电场作用下，透明物质的介电常数ε等于其折射率n的平方。即：

$$\varepsilon=n^2 \tag{8-21}$$

通常将在高频区测得的极化度称为摩尔折射度R。

$$R_2=P_e=\frac{(\varepsilon-1)}{(\varepsilon+2)}\times\frac{M_r}{\rho}=\frac{(n^2-1)}{(n^2+2)}\times\frac{M_r}{\rho} \tag{8-22}$$

海德斯特兰（Hedestran）利用稀溶液的近似公式和稀溶液的加和性，导出了由非极性溶剂1和溶质分子2构成的无限稀薄溶液中，溶质分子2的摩尔极化度P公式。当溶液组成$w_2=m_2/(m_1+m_2)\approx m_2/m_1$时，溶质分子2的摩尔极化度$P$用式(8-25)表示。

$$\varepsilon_{12}=\varepsilon_1+\alpha_s w_2 \tag{8-23}$$

$$\rho_{12}=\rho_1+\beta_s w_2 \tag{8-24}$$

$$P=\lim_{w_2\to 0}P_2=\frac{3\alpha_s}{(\varepsilon_1+2)^2}\times\frac{M_{r,2}}{\rho_1}+\frac{(\varepsilon_1-1)}{(\varepsilon_1+2)}\times\frac{M_{r,2}(1-\beta_s)}{\rho_1} \tag{8-25}$$

同理，利用关系式(8-26)，可以导出由非极性溶剂1和溶质分子2构成的无限稀薄溶液中，溶质分子2的摩尔电子极化度P_e的公式(8-27)。

$$n_{12}^2=n_1^2+\alpha_n w_2 \tag{8-26}$$

$$P_e=\lim_{w_2\to 0}R_2=\frac{(n_1^2-1)}{(n_1^2+2)}\times\frac{M_{r,2}(1-\beta_s)}{\rho_1}+\frac{3\alpha_n M_{r,2}}{(n_1^2+2)^2\rho_1} \tag{8-27}$$

当$\varepsilon=n^2$成立时，溶质2的分子摩尔转向极化度P_z可用式(8-28)表示。

$$P_z=\lim_{w_2\to 0}P-\lim_{w_2\to 0}P_e=\frac{3M_{r,2}}{\rho_1(\varepsilon_1+2)^2}(\alpha_s-\alpha_n) \tag{8-28}$$

$$\mu=\left[\frac{27k}{4\pi L}\times\frac{M_{r,2}T}{\rho_1(\varepsilon_1+2)^2}(\alpha_s-\alpha_n)\right]^{1/2}$$

$$=0.074\times10^{-30}\left[\frac{M_{r,2}T}{\rho_1(\varepsilon_1+2)^2}(\alpha_s-\alpha_n)\right]^{1/2} \tag{8-29}$$

式中，μ的单位为C·m（文献中偶极矩的单位常用德拜D表示，$1D=3.3356\times10^{-30}$C·m）。式(8-29)表明，对于一物质A，通过配制系列浓度不同的A-非极性溶剂的极稀溶液，在一定温度T时，测定各溶液的介电常数ε_{12}和折射率n_{12}，作ε_{12}-w_2和n_{12}^2-w_2图，求出α_s和α_n，可用式(8-29)求出分子A的偶极距。

分子偶极矩的测量有多种方法，常用的方法为介电常数法。介电常数通过测量电容计算得出。液体电容的测量一般采用数字小电容测试仪。

数字小电容测试仪采用电桥法测定液体的电容。测量时，将待测液体装于电容仪的电容池中（电容池需干燥和洁净），将内外电极接到电桥的线路上，就可测得样品的电容值C'_x。电容池的电容C'_x由样品的电容C_x和电容仪的电容C_d并联构成，C_x随液体不同而变化，但C_d只与电容仪的性质有关。对选定的仪器而言，C_d值恒定。C_d作为仪器的本底值，应从测量的C'_x中扣除。扣除的方法为：用电容仪分别测定空气和介电常数已知的标准物质的电容C'_a和C'_s，由关系式(8-30)扣除C_d，求得C_a。

$$C'_s=C_s+C_d$$

$$C'_a=C_a+C_d \tag{8-30}$$

设真空电容$C_0\approx C_a$，

$$\varepsilon_s=\frac{C_s}{C_0}\approx\frac{C_s}{C_a} \tag{8-31}$$

$$C_a=\frac{(C'_s-C'_a)}{(\varepsilon_s-1)} \tag{8-32}$$

$$C_x = C_a + (C'_x - C'_a) \quad (8\text{-}33)$$

同理，可按该法求出 C_x，进而求出 ε_x。

本实验以干燥的环己烷为溶剂，测定乙醇分子的偶极矩。

仪器与试剂

1. 仪器

PGM-Ⅱ数字小电容测量仪 1 台、阿贝折光仪 1 台、精密移液管 10.00mL 和 1.00mL 各 2 支、25.0mL 容量瓶 7 个、100mL 烧杯 1 个、滴管 6 支、洗耳球 2 个。

2. 试剂

干燥的无水乙醇（AR）、干燥的环己烷（AR）。

实验步骤

1. 样品的配制

按表 1 的要求采用干燥的无水乙醇和环己烷配制 6 组乙醇-环己烷稀溶液，充分混匀，密封待测。

表 1　乙醇-环己烷溶液的组成

室温/℃：________；大气压/kPa：________

No.	0	1	2	3	4	5
V_1/mL	10.0	10.0	10.0	10.0	10.0	10.0
V_2/mL	0.0	0.40	0.80	1.20	1.60	2.00

2. 样品折射率的测定

室温下测定溶剂和溶液样品的折射率。每个样品测三次，三次测量数据相差不大于 0.0002，记录测量数据。

3. 样品电容的测定

用洗耳球吹干电容仪的电容池，旋上电容池盖子，接好电容仪的测量线路后，测量 C'_a 三次，三次测量数据相差不大于 0.01pF，记录测量数据。

旋开电容池盖子，用滴管将标准物质环己烷加入电容池中，直至液体超过 2 个电极。旋上电容池盖子，接好电容仪的测量线路后，测量 C'_s 三次，三次测量数据相差不大于 0.01pF，记录测量数据。测量完毕后，用滴管取出电容池中的液体，用洗耳球吹干电容仪的电容池。

旋上电容池盖子，接好电容仪的测量线路后，测量 C'_a。当 C'_a 的测量值和前面测量的相同时，按测量标准物质电容相同的方法测量样品的电容 C'_x。每个样品测二次，二次测量数据相差不大于 0.01pF，记录测量数据。

注意事项

本实验所用试剂及测试仪必须无水。

数据记录与处理

1. 实验数据处理过程中，需要根据环己烷和乙醇的密度与温度的关系，以及环己烷的介电常数与温度的关系计算实验温度（t/℃）下环己烷和乙醇的密度，以及环己烷的介电常数。

$$\rho_1 = 7.9715\times10^2 - 0.9207t - 0.4263\times10^{-3}t^2 \quad (\text{kg}\cdot\text{m}^{-3})$$

$$\rho_2 = 7.8506\times10^2 - 0.8591(t-25) - 0.56\times10^{-3}(t-25)^2 \quad (\text{kg}\cdot\text{m}^{-3})$$

$$\varepsilon_t = 2.015 - 1.60\times10^{-3}(t-25)$$

2. 测量数据的处理

根据密度计算公式，用实验数据计算溶液样品的质量分数，并计算 C'_x 和 n_{12} 的测量平均值，将数据处理的结果按所示的表格形式列出。

室温/℃：________；大气压/kPa：________；$\overline{C}'_a$/pF：________

No.	0	1	2	3	4
$W_乙$					
C/pF					
n					
n 平均值					

3. 样品的介电常数计算

根据上表的数据用公式(8-30)～式(8-33) 计算溶液的介电常数 ε_x 和 n_{12}^2，将计算结果按所示的表格形式列出。

C_a/pF：________

$W_乙$				
ε_{12}				
n_{12}^2				

4. 偶极矩的计算

作 ε_x-w_2 和 n_{12}^2-w_2 图，从直线的斜率求出 α_s 和 α_n 后，用式(8-29) 计算乙醇分子的偶极矩，并与文献值（25℃、5.67×10^{-30}C·m）比较，计算相对偏差。

思考题

1. 实验所用试剂及与样品接触的仪器需要干燥和洁净的理由。
2. 溶液样品折射率和电容测量操作的要点。
3. 分析式(8-29) 中与测量数据结果有关物理量对测量结果的影响。
4. 写出具有偶极矩的分子所属的点群。

第 9 章 综合设计性实验

实验二十一

二组分金属固-液系统相图的绘制

实验目的

1. 用热分析法绘制 Pb-Sn 相图。
2. 了解热分析法的测量原理与热电偶测量温度的方法。

实验原理

热分析法绘制相图的原理是根据物系在加热或冷却过程中温度随时间的变化关系来判断有无相变的发生。通常做法是将一定组成的固相体系加热熔融成一均匀液相，然后让其缓慢冷却，记录系统的温度随时间的变化，便可绘制温度-时间曲线，即步冷曲线。当体系内没有相变时，步冷曲线是连续变化的；当体系内有相变发生时，步冷曲线上将会出现转折点或水平部分，这是因为相变时的热效应使温度随时间的变化率发生变化。因此，由步冷曲线的斜率变化便可确定体系的相变点温度。测定几个不同组分的步冷曲线，找出各相应的相变温度，最后绘制相图。过程如图 9-1 所示。

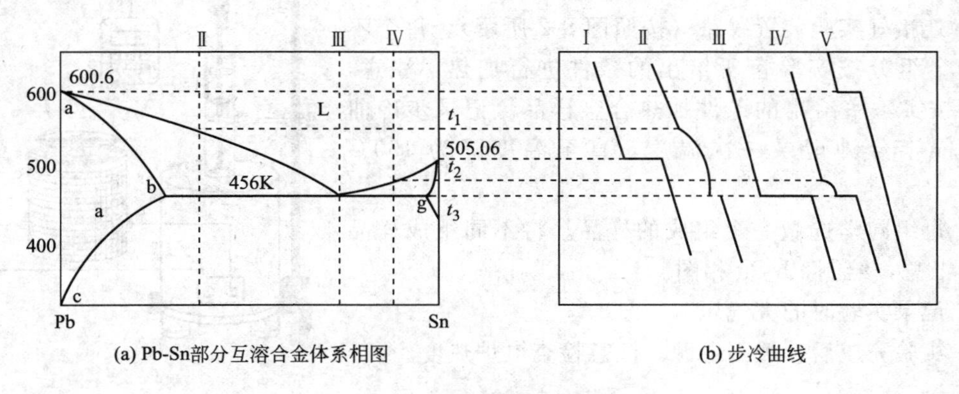

(a) Pb-Sn部分互溶合金体系相图　　(b) 步冷曲线

图 9-1　相图与步冷曲线

下面对图 9-1（b）的步冷曲线作一简单分析。

在固定压力不变的条件下根据相律 $f^*=C-\Phi+1$（C 为独立组分、Φ 为相数），对于纯组分熔融体系，在冷却过程中若无相变化发生，其温度-时间关系曲线为一平滑曲线，而至凝固点时，固液二相平衡，自由度为 0，温度不变，出现水平线段。等体系全部凝固后，其冷却情况又和液体冷却一样，呈一平滑曲线。图 9-1(b) 的曲线Ⅰ、Ⅴ便是这种情况。曲线

Ⅲ系低共熔体的冷却曲线，它的情况与Ⅰ、Ⅴ相似，水平线段的出现是因为当冷却到低共熔点时Pb和Sn同时析出，此时固体Pb、Sn（固熔体）和液相三相共存，体系自由度为0，温度不变。曲线Ⅱ和Ⅲ不同之处在于当温度冷却至t_1时有Pb析出，由于放出凝固热，使体系冷却速度变慢，步冷曲线斜度变小。此时体系为两相，根据相律，自由度为1，说明温度和溶液的组成中只有一个为独立变量，随着Pb的不断析出，溶液中Sn含量增加，而液相组成沿液相线朝最低共熔点方向移动。随着温度进一步下降，Pb析出量慢慢减少，所以该曲线下半段较陡，成凸状。当温度降至t_3时，Sn析出，此时体系三相共存，自由度为0，出现水平线段。水平段代表三相平衡的情况，在此段只是溶液量逐渐减少，固相量逐渐增加，而温度保持不变。当液相完全消失后，温度又开始下降，曲线与液体冷却曲线一样。曲线Ⅳ与Ⅱ的冷却情况相同，只是冷至t_2时，所析出的固体为纯Sn。

一般说来，根据冷却曲线即可定出相界，但是对复杂相图还必须有其他方法配合，才能画出相图。

仪器与试剂

1. 仪器

样品管、自制电炉、铁架台、热电偶、WZPN-数字温度计（0～600℃）、可调变压器。

2. 试剂

Pb（AR）、Sn（AR）、石蜡油。

实验步骤

1. 配制样品。用0.1g的台秤分别称取纯Pb、Sn各100g；配制含锡量20%、40%、61.9%、80%的铅锡混合物各100g，分别置于样品管中，管内加少量石蜡油，以防止金属氧化。（此步骤由教师在实验前做好）

2. 连接好实验装置线路（按照图9-2所示）。每个不同的合金组分按实验室所给出的条件进行加热。注意，一定要按实验室给出的条件加热合金样品。记录步冷曲线，每隔半分钟记录一次温度，直至温度降为150℃为止。

3. 每组同学选做一个组成的样品。将不同组成样品的数据汇总，绘制Pb-Sn相图。

4. 记录实验时的大气压。

5. 实验完成后，关闭电源。注意检查电炉热度。

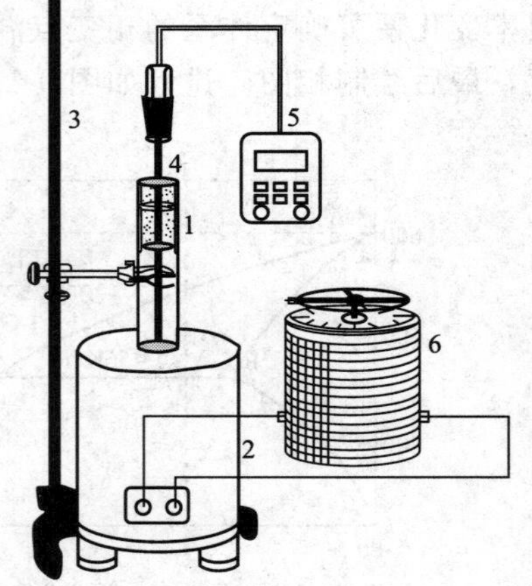

图9-2　相图绘制实验装置

1—样品管；2—自制电炉；3—铁架台；4—热电偶；5—数字温度计；6—可调变压器

注意事项

1. 做实验前戴上口罩。

2. 为了获得良好的相平衡条件，冷却速度不宜过快。

数据记录与处理

1. 将各样品的温度与对应时间作步冷曲线图。

2. 找出各种组成合金的步冷曲线上的转折点及平台段所对应的温度。

3. 根据所测样品各转折点的温度及合金的组成。

4. 利用表1中两个纯组分的数据，绘制Pb-Sn体系相图，并确定其低共熔点的温度。

5. 利用所测的四个不同样品的各转折点与下面所给的两个纯组分及八个不同组成合金的转折点（或平台）温度，绘制出含有α、β相的Pb-Sn部分互溶合金相图，α相的极限浓度是19.5%的Sn，β相是97.4%的Sn。（是否作此图，由指导老师掌握）

表1　不同组分合金的转折点温度

编号	1	2	3	4	5	6	7	8	9	10
Sn/%	0	4.92	10.00	15.70	19.50	95.41	97.40	98.17	99.00	100.0
t/℃	327	320	300	290	280	222	226	228	229	232
		310	282	246	183	183	183	212	221	
		126	150	145				179	△	

注：△由于潜热太小，测不出来，可用虚线表示。

思考题

1. 图1中曲线Ⅰ、Ⅱ、Ⅲ有什么联系和差别？

2. 请从相律阐明各冷却曲线的形状。

3. 为什么能用步冷曲线来确定相界？

实验二十二

二氧化钛粗分散体系Zeta电势测定

实验目的

1. 了解微电泳仪测定粉体颗粒及等电点的原理和方法。

2. 观察溶液溶胶的电泳现象和了解其电化学性质。

3. 利用D.L.V.O.理论，定性讨论ζ电势与粗分散系统稳定性的关系。

4. 掌握用JS94G+微电泳仪测定胶粒ζ电势的方法。

实验原理

分散体系在实际生活与生产中占有重要地位，如在冶金、石油、涂料、橡胶等工业部门，以及生物、医药、地质、气象、土壤等学科都广泛接触到与胶体分散体系有关的研究。根据需要有时要求分散相中的固体微粒能稳定的分散于分散相介质中（如涂料要求有良好的稳定性），有时希望固体微粒聚沉（如在废水处理中要求固体微粒从系统中很快聚沉）。而胶体分散体系中固体微粒的分散与聚沉都与其Zeta(ζ)电势有着密切的关系，ζ电势绝对值越大，胶体越稳定，反之，胶体越不稳定。因此ζ电势是表征胶体特性的重要物理量之一，它对于分析研究胶体分散物系的性质及其实际应用有着重要的意义。

分散于液相介质中的固体颗粒，由于吸附、水解、离解等作用，其表面常常是带电荷的。由于静电引力作用，在颗粒周围就会形成一反电荷离子层，因此颗粒表面的电荷与其周围的反电荷离子就构成了双电层。同时由于离子的热运动，离子有逃逸颗粒表面的趋势，这两种相反作用的结果是颗粒周围的反离子随着距颗粒表面距离的增加而减少，故称之为扩散双电层。考虑到反离子在颗粒表面的特性吸附而形成紧密层（Stern 层），那么颗粒周围的反离子则是由紧密层和扩散层两部分构成。这一固体颗粒表面附近电荷分布的双电层模型称为紧密扩散双电层模型，又称为 Gouy-Chapman-Stern mode。后来 Grahame 发展了 Stern 等的概念，又将双电层分为内层（Stern 层）和外层（Helmholtz 层）。

Grahame 认为，Stern 层是由未溶剂化的离子组成，此层的厚度由吸附离子的大小而定，这些离子紧紧吸附在带电的颗粒表面，而 Helmholtz 层由溶剂化离子层所构成，此层属扩散层范围。因此在固体颗粒和溶液之间存在三种电势：固体表面处的电势 φ（即热力学电势）；距离固体表面一个离子半径处即紧密层与扩散层分界处的电势 φ_d；以及固体颗粒连带着束缚的溶剂化层和溶剂之间可以发生相对移动处的电势，即电动电势（又称 ζ 电势），它表示双电层与本体溶液之间的电势差，是衡量分散体系稳定性的重要参数之一，因此测定 ζ 电势对研究分散体系的性能具有重要意义。

测定 ζ 电势的方法很多，目前应用最广泛、最方便的是利用电泳现象来测定（电泳法）。其基本原理是在外加电场作用下，带电颗粒向异号电极方向移动，电泳速度与 ζ 电势呈正相关，所以可以通过测定颗粒的电泳速度来测定 ζ 电势，并进一步研究其他物理化学性质。电泳法又分为宏观法和微观法，宏观法一般是观察颗粒悬浮液与另一不含此颗粒的导电液体的界面在电场作用下的移动速度，称为界面移动法；而微观法则是直接观察单个颗粒在电场中的泳动速度。本实验采用微观法，它是将颗粒在电场作用下的泳动通过放大成像在投影屏上，直接读出在一预定的距离内多次换向泳动的时间和次数，从而得到电泳速度。

电泳速度与 ζ 电势的关系可用 Helmholtz-Smoluchowski 公式：

$$\zeta = \upsilon\eta/\varepsilon\varepsilon_0 E \qquad \text{（球型粒子）}$$

$$\zeta = 2\upsilon\eta/3\varepsilon\varepsilon_0 E \qquad \text{（棒型粒子）}$$

这两式在颗粒半径 $R \geqslant$ 双电层厚度 δ 时成立。式中，υ 为颗粒的泳动速度，$m \cdot s^{-1}$；ε 为介质的介电常数（25℃时，水的介电常数为 81）；ε_0 为真空电容率，$8.8541878 \times 10^{-12}\,F \cdot m^{-1}$，$\eta$ 为介质黏度，$Pa \cdot s$；E 为电场强度，$V \cdot m^{-1}$。

当 $\zeta=0$ 时溶液的 pH 值称为颗粒的等电点。通过测量不同 pH 条件下颗粒的 ζ 电势，作 ζ 电势-pH 关系曲线，即可求出颗粒的等电点。

在物理化学实验教科书中，ζ（Zeta）电势的测定一般都是采用传统的界面移动法，即将溶胶装入 U 型的电泳管中，测定溶胶与分散介质间的界面在外加电场作用下的移动速度，并以此计算溶胶的 ζ 电势。该方法的缺点是：清洗和装液过程较麻烦、胶体用量较多、测定费时，且难以获得清晰的界面；由于受测定中电解产物的影响，测定溶胶 ζ 电势的重现性和准确性较差等。而 JS94G＋型微电泳仪，该仪器采用微电泳技术直接测定颗粒的 ζ 电势，是测定分散体系 ζ 电势的最新技术，它的优点是：样品的用量少，每次仅需 0.5mL，易于清洗；温度自动连续采样，自动调整参数，用于计算 ζ 电势；采用计算机多媒体技术自动连续采样存储，并能提供双向四幅伪彩色图形进行分析计算，测定时间快；由于采用了低频交变电流，测定中不存在电解产物的影响，测试数据的重现性和准确性很好。

仪器与试剂

1. 仪器

JS94G+型微电泳仪、超声波仪、PHS-3C型精密酸度计。

2. 试剂

TiO_2 粉末（AR）、10^{-3} mol·L^{-1} KCl溶液、0.1mol·L^{-1} HCl溶液、0.1mol·L^{-1} NaOH溶液。

实验步骤

1. 取一定量的 TiO_2 粉末分散在 10^{-3} mol·L^{-1} KCl水溶液中，配成 TiO_2 含量为0.05%（质量分数）的悬浮液，并置于超声波分散5min。

2. 取40～50mL分散过的悬浮液于烧杯中，加0.1mol·dm^{-3} HCl溶液调节其pH值为2左右，再于超声波分散2min。

3. 测定 TiO_2 悬浮液的 ζ 电势。

4. 同理，用稀盐酸或稀氢氧化钠溶液调节样品不同pH值，以同样的方法测定pH值为3、4、5、6、7、8、9左右的 TiO_2 悬浮液的 ζ 电势。

注意事项

1. 测定 ζ 电势时，必须用同一个电泳杯；将悬浮液加入电泳杯，在插入电极时，需稍倾斜电泳杯，慢慢插入电极，避免产生气泡；电泳杯竖直时，电极两边悬浮液的液面高度须一致；将电泳杯放入样品槽时，应轻轻按到底，不能重压。

2. 按pH由低到高的顺序，测定不同pH悬浮液的 ζ 电势。在每次加入悬浮液前，都应清洗电泳杯和电极3次。

3. 若同一组数据误差较大，要重新找十字标。

数据记录与处理

1. 要求根据实验所得数据，作 ζ-pH关系曲线。

2. 确定出 TiO_2 的等电点，并对实验结果进行讨论。

思考题

1. 什么情况下用银电极？什么情况下用铂电极？为什么？

2. 若颗粒漂移严重，对测量结果有何影响？

3. 为什么要将 TiO_2 粉末分散在离子强度为 10^{-3} mol·L^{-1} KCl水溶液中？

实验二十三

循环伏安法研究铜在氢氧化钠中的电化学行为

实验目的

1. 了解循环伏安法的原理

2. 了解循环伏安法基本测量技术及循环伏安图谱提供的信息。

3. 测定铜电极在NaOH溶液中的电极反应，并了解电位扫描速率等因素对循环伏安图谱的影响。

实验原理

循环伏安法（俗称“电化学光谱”）是在给定的电位扫描范围内，周期性地变更电极的电位，同时测定相应的电流响应值，通过对电位-电流曲线的分析，获得给定条件下电极反应信息的电化学技术。循环伏安在与电、光电、环境和材料化学相关的电极反应过程动力学研究及电分析化学测定中已得到广泛的应用，由于它的数学描述已有充分发展，在测定各种电极反应动力学参数的动力学研究中，尤其在对一未知体系进行首次研究时，循环伏安法已成为一种必要和有效的技术。

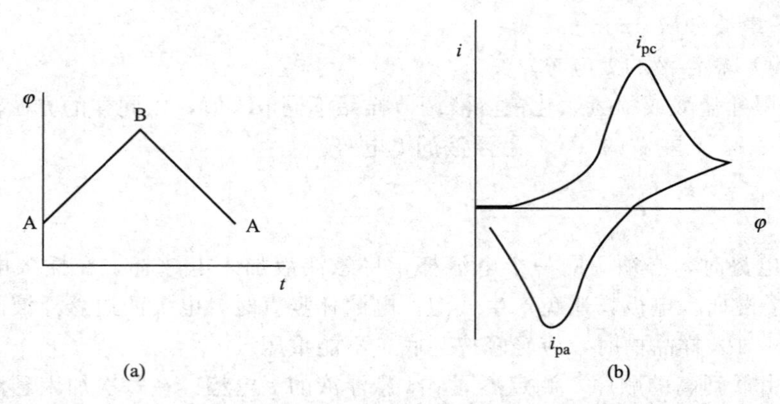

图 9-3 （a）电势随时间的变化和（b）典型的循环伏安电势-电流曲线

通过恒电位仪对研究电极施加一个三角波（锯齿波）电势信号［图 9-3(a)］；信号的电势 φ_i 随时间呈线性变化（$\varphi_i=\varphi-\upsilon t$，扫描速率 $\upsilon=\mathrm{d}\varphi/\mathrm{d}t$），电势从 A 扫至 B 后，再反向回扫至 A（负向扫描速率与正向相同），如此循环。在电势变化的过程中，若电极的反应为 $Ox+ne^- \rightleftharpoons R$（Ox 表示氧化态，R 表示还原态），电流随电势的变化而逐渐加大，反应速率逐渐加快，由于浓度极化，电极表面反应物的浓度变为零，出现峰值电流 i_p（对于还原反应 $Ox+ne^- \longrightarrow R$，出现阴极峰电流 i_{pc}；对于氧化反应 $R-ne^- \longrightarrow Ox$，出现阳极峰电流 i_{pa}），因此电位循环一周产生的 i_{pc} 和 i_{pa} 及与其相应的峰电位 φ_{pc} 和 φ_{pa} 是循环伏安法的重要的参数，循环伏安曲线如图 9-3(b) 所示。

根据循环伏安曲线的数学描述，从循环伏安曲线上的 i_{pc}、i_{pa} 和对应的峰值电位以及扫描速率对这些量的影响，可以判断电极反应 $Ox+ne^- \rightleftharpoons R$ 是否可逆、反应进行的机理，并求出动力学参数；在相同条件下，保持扫描速率不变反复扫描，可判断电极反应体系的稳定性。由数学模型给出循环伏安曲线参数与反应可逆性之间的关系见表 9-1。

表 9-1 循环伏安曲线参数与反应可逆性的关系

反应可逆性	循环伏安曲线参数的特征
可逆	$i_p \propto \upsilon^{1/2}$；$\varphi_p$ 与 υ 无关；298.2K 时，$\varphi_p-\varphi_{1/2}=56.5/n$
完全不可逆	$i_p \propto \upsilon^{1/2}$；$\varphi_p$ 与 υ 有关；298.2K 时，$\varphi_p-\varphi_{p/2}=47.7/\alpha n_\alpha$

注：α 为阴极过程传递系数；$\varphi_{p/2}$ 相应于一半电流峰值的电位。

一个电极反应的可逆性与扫描速率有关，扫描速率低时电极反应表现出的可逆特性，在高扫描速率下，会转变为不可逆特性。当电极反应可逆时，循环伏安曲线中，i_{pc} 和 i_{pa} 随反应物种的浓度和扫描速率的增加而增大。

在 NaOH 溶液中，不同的电位下，铜电极的循环伏安曲线（图 9-4）表明：开始时，电位较低，电极表面是金属铜，电位向正方向移动，出现阳极电流，电极表面的铜开始被氧化为 Cu_2O，随着阳极电流增加，出现第一个阳极电流峰 A；电极反应为：$2Cu+2OH^- \longrightarrow Cu_2O+H_2O+2e^-$。因电极表面被 Cu_2O 覆盖，引起电流下降，当电位继续增加至约 0.007V(SCE)，出现另一个阳极电流峰 B，电极反应为：$Cu_2O+2OH^- \longrightarrow 2CuO+H_2O+2e^-$；电位继续增加，$O_2$ 析出。在 C 点变换电位方向，电流逐渐下降，随电位负移，先后出现阴极电流峰 D 和 E，D 峰是电极表面的 CuO 被还原成 Cu_2O，E 峰为 Cu_2O 被还原为 Cu。

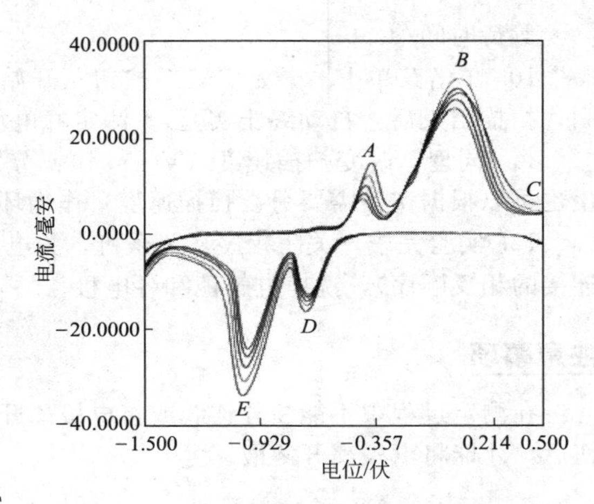

图 9-4 铜电极的循环伏安曲线

仪器与试剂

1. 仪器

LK98BⅡ型电化学分析仪一台、电解池一只、饱和甘汞电极（参比电极）一支、Pt 电极（辅助电极）一支、铜电极（研究电极）一支。

2. 试剂

$2mol \cdot dm^{-3}$ NaOH 溶液。

实验步骤

1. 打开 LK98BⅡ型电化学工作站电源（不接任何电极）。
2. 打开微机电源，进入 Windows 98 桌面
3. 双击 LK98 图标（运行控制程序）
4. 按 LK98BⅡ型电化学工作站面板上的“Reset”按钮（黄色），进行仪器自检（成功后可听到有继电器动作的声音，让仪器预热 10min)。
5. 将铜电极表面用金相砂纸磨亮，随后用丙酮去油、去离子水洗净。去油后的铜电极用滤纸吸干后，立即放入电解池中。
6. 在电解池内倒入约 40mL $2mol \cdot L^{-1}$ NaOH 溶液，插入 Pt 电极和甘汞电极。
7. 电化学工作站与电解池连接（各电极的连接顺序）

①参比电极（甘汞电极）黄线 ②辅助电极（Pt）红线 ③研究电极（Cu）绿线

8. 单击菜单上“实验方法选择”→方法种类→线性扫描技术→具体方法→循环伏安→确定。
9. 循环伏安参数设定

灵敏度选择（100mA），滤波参数（50Hz），放大倍率（1），电极极性：◎氧化［+］

初始电位/V：−1.6，开关电位 1/V：−1.6，开关电位 2/V：1.0，

采样间隔/s：0.01，扫描速度/$(V \cdot s^{-1})$：0.001，循环次数：3～5 次，

等待时间/s：0

10. 单击菜单上“开始实验”按钮（开始扫描和自动记录，整个扫描大约需要5min时间，扫描结束后，自动终止实验）。测定峰电位φ_p、峰电流i_p，保存记录。

11. 同理，改变扫描速度/($V \cdot s^{-1}$)：分别0.002、0.004、0.005、0.006、0.007。（学生也可以根据实验需要另设扫描速度）作循环伏安，测定峰电位φ_p、峰电流i_p，保存记录。

12. 实验完毕，关闭程序，关微机，关电化学工作站电源。拆除三电极上连接导线（按连接的相反顺序），洗净电解池和各电极。

注意事项

在测定过程中不能断开连线或将电极离开溶液，否则容易损坏仪器。按“终止实验”按钮后，才能将电极离开溶液。

数据记录与处理

1. 在所绘制的扫描曲线上建立坐标，将找出的各峰的电势范围、对应的电化学反应填入下表。

过程		电极反应	电势范围(SCE)
阳极过程	峰1		
	峰2		
阴极过程	峰1		
	峰2		

2. 从不同扫描速率绘出的循环伏安曲线上，求出各峰值电位和相应的电流密度，并作出i_p-$\upsilon^{1/2}$图。

思考题

1. 研究铜在KOH溶液中的电化学行为时，扫描范围为何选择在－1.5～0.5V之间？
2. 从测定峰电位φ_p、峰电流i_p的数据，分析说明铜在NaOH中电极反应的可逆性？

实验二十四
改性分子筛的制备、表征及催化活性评价

实验目的

1. 采用浸渍法制备铈改性的SBA-15催化剂。
2. 运用X射线衍射、Fourier红外光谱、透射电镜、BET、孔分布、X射线光电子能谱对催化剂进行表征。
3. 评价制备的铈改性的SBA-15催化剂的活性。

实验原理

SBA-15分子筛是一种具有二维六方立柱形结构的新型纯硅介孔分子筛，具有孔径大、

孔径分布均一、孔壁厚、化学和热力学稳定性较好等特点，是一种良好的催化剂载体。但是，由于 SBA-15 分子筛为硅氧四面体-电荷平衡体系，纯 SBA-15 骨架中晶格缺陷少，表面酸中心浓度很低且酸性较弱，表面呈惰性且无活性中心，使其催化应用受到了一定的限制。在工业上纯介孔硅材料还不能直接作为催化剂。因此，需要对其进行改性合成，使其具有酸、碱中心或氧化还原中心，从而使之能够应用于各类催化反应中。

浸渍法通常用金属的硝酸盐溶液与载体等体积或过体积浸渍，烘干后在一定温度下焙烧可得金属氧化物/介孔材料。将金属或金属氧化物纳米颗粒组装入 SBA-15 中制备介孔主客体材料，不仅可以对 SBA-15 进行改性，负载在 SBA-15 载体上的金属物种还具有更高的分散度，更小的颗粒尺寸，使其在反应中具有更优异的性能。由于介孔材料孔道的限制作用和分子筛的粒子效应，使得 SBA-15 基负载金属/金属氧化物材料在催化反应中表现出更高的活性和选择性，纳米半导体材料还显示出一些新的特性，如光吸收中的蓝移现象、致光作用、发射荧光等。

仪器与试剂

1. 仪器

马弗炉、电热恒温鼓风干燥箱、磁力恒温搅拌器、电子分析天平、油浴锅、红外光谱仪、X 射线衍射仪、玛瑙研钵、透射电子显微镜、BET 比表面测试仪、孔径分析仪、X 射线光电子能谱仪、气相色谱仪。

2. 试剂

硝酸亚铈 [$Ce(NO_3)_3 \cdot 6H_2O$]、SBA-15 分子筛、乙二胺、1,2-丙二醇。

实验步骤

1. 改性的 SBA-15 催化剂的制备

将硝酸亚铈配成 0.1mol/L 的硝酸亚铈溶液，取一定量的硝酸亚铈水溶液浸渍 SBA-15 载体，搅拌 1h 后油浴蒸干，再在 100℃ 干燥过夜，研磨均匀，最后将产物置于马弗炉中 450℃焙烧 4h。

2. 催化剂的表征

运用 X 射线衍射、Fourier 红外光谱、透射电镜、BET、孔分布、X 射线光电子能谱对催化剂进行表征。

3. 活性评价

原料乙二胺和 1,2-丙二醇按物质的量比 1∶1 混合，和水配成一定量的浓度，通过微量进样泵将原料注入反应器；原料经过反应器预热阶段后汽化，和载气混合经过装填有一定量催化剂的反应床层进行反应，产品经过冷凝用接液管收集，用 102G 气相色谱仪进行产品分析。

注意事项

1. 油浴搅拌过程中要防止液体迸溅，搅拌速度不宜过快；温度控制在 110℃，不宜过高。

2. SBA-15 使用前进行预处理。

3. 控制 $Ce(NO_3)_3$ 溶液量。浓度过高，活性组分在孔内分布不均匀，易得到较粗的金属氧化物颗粒且粒径分布不均匀；浓度过低，活性差。

数据记录与处理

1. 确定制备的铈改性的SBA-15催化剂所属的晶型、孔分布、比表面积、晶粒大小和铈的化合态。

2. 计算原料的转化率，评价制备的铈改性的SBA-15催化剂的活性。

思考题

1. 还有哪些方法可将铈负载在SBA-15载体上？
2. 通过实验总结铈的含量对催化剂活性的影响。
3. 常用哪些手段对催化剂的化学组成、表面活性、颗粒分布及有关光谱特性进行表征？

实验二十五

药物有效期的测定

实验目的

1. 应用化学动力学的原理和方法，研究药物水解反应的特征。
2. 掌握硫酸链霉素水解反应速率常数测定方法，求出其有效期。

实验原理

链霉素（streptomycin）是一种氨基葡萄糖型抗生素。它是由放线菌属的灰色链丝菌所产生。链霉素常形成硫酸盐作为临床使用药剂，即硫酸链霉素分子中的三个碱性中心与硫酸成的盐。其分子式为 $(C_{21}H_{39}N_7O_{12})_2 \cdot 3H_2SO_4$，中心结构如下图9-5所示。

链霉素能与结核杆菌菌体核糖核酸蛋白体蛋白质结合，起到了干扰结核杆菌蛋白质合成的作用，从而杀灭或者抑制结核杆菌生长的作用。其由1943年美国S. A. 瓦克斯曼从实验室链霉菌之中析离得到，是继青霉素后第二个生产并用于临床的抗生素。它的抗结核杆菌的特效作用，开创了结核病治疗的一个崭新的纪元。由于链霉素肌肉注射的疼痛反应比较小，适宜临床使用，只要应用对象选择得当，剂量又比较合适，大部分病人可以长期注射（通常疗程一般为2个月左右）。所以，应用数十年来，它仍是抗结核治疗中的主要用药。

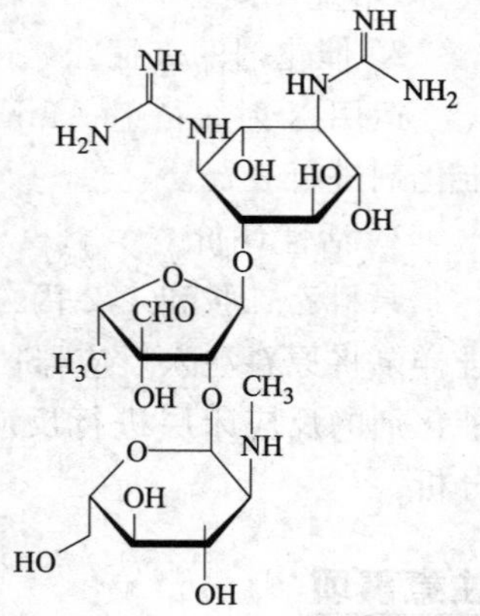

图9-5　链霉素结构示意图

本实验是通过比色分析方法测定硫酸链霉素水溶液的有效期。硫酸链霉素水溶液在pH4.0～4.5时最为稳定，在过碱性条件下易水解失效，在碱性条件下，它会水解生成麦芽酚（α-甲基-β-羟基-γ-吡喃酮），反应如下：

$$(C_{21}H_{39}N_7O_{12})_2 \cdot 3H_2SO_4 + H_2O \longrightarrow \text{麦芽酚} + \text{硫酸链霉素其他降解物} \quad (9\text{-}1)$$

该反应为准一级反应，其反应速率服从以及反应的动力学方程：

$$\lg(C_0-x)=k/(-2.303t)+\lg C_0 \tag{9-2}$$

式中，C_0 为硫酸链霉素水溶液的初浓度；x 为 t 时刻链霉素水解掉的浓度；t 为时间，min；k 为水解反应速度常数。

若以 $\lg(C_0-x)$ 对 t 作图应为直线，由直线的斜率可求出反应速率常数 k。硫酸链霉素在碱性条件下水解得麦芽酚，而麦芽酚在酸性条件下与三价铁离子作用生成稳定的紫红色螯合物，故可用比色分析的方法进行测定。

由于硫酸链霉素水溶液的初始 C_0 正比于全部水解后产生的麦芽酚的浓度，也正比于全部水解测得的消光值 E_∞，即 $C_0 \propto E_\infty$；在任意时刻 t，硫酸链霉菌素水解掉的浓度 x 应于该时刻测得的消光值 E_t 成正比，即 $x \propto E_t$，将上述关系代入到速率方程中得：

$$\lg(E_\infty-E_t)=(-k/2.303)t+\lg E_\infty \tag{9-3}$$

可见通过测定不同时刻 t 的消光值 E_t，可以研究硫酸链霉素水溶液的水解反应规律，以 $\lg(E_\infty-E_t)$ 对 t 作图得到一条直线，由直线斜率求出反应的速率常数 k。药物的有效期一般是指，当药物分解掉原含量的10%时所需要的时间 $t_{0.9}$。

仪器与试剂

1. 仪器

722 型分光光度计 1 台、超级恒温槽 1 台、磨口锥形瓶 100mL2 个、移液管 20mL1 支、磨口锥形瓶 50mL11 个、吸量管 5mL3 支、量筒 50mL1 个、吸量管 1mL1 支、大烧杯 1 个、电热炉 1 个、秒表 1 只。

2. 试剂

0.4%硫酸链霉素溶液、2.0mol·L^{-1}氢氧化钠溶液、20g·L^{-1}铁试剂（加稀硫酸）。

实验步骤

1. 调整超级恒温槽的温度为 40±0.2℃。

2. 用量筒取 50mL 约 0.4%的硫酸链霉素溶液置于 100mL 的磨口瓶中，并将锥形瓶放于 40℃的恒温槽中，用刻度吸量管吸取 2.0mol·L^{-1}的氢氧化钠溶液 0.5mL，迅速加入硫酸链霉素溶液中，当碱量加入至一半时，打开秒表，开始记录时间。

3. 取 5 个干燥的 50mL 磨口锥形瓶，编好号，分别用移液管准确加入 20mL 0.5mol·L^{-1}0.5%铁试剂，再加入 5 滴 1.12～1.18mol·L^{-1}硫酸溶液，每隔 10min，准确移取反应液 5mL 于上述锥形瓶中，摇匀呈紫红色，放置 5min，而后再用波长为 520nm 的 722 型分光光度计测定消光值 E_t，并记录实验数据。

4. 最后将剩余反应液放入沸水浴中 10min，然后放至室温再吸取 2.5mL 反应液于干燥的 50mL 磨口锥形瓶中，另外加入 2.5mL 蒸馏水，再加入 20mL 的 0.5%铁试剂和约 5 滴硫酸溶液，摇匀至紫红色，测其消光值乘 2 后即为全部水解时的消光值 E_∞。

5. 调节恒温槽，升温至 50℃，按上述操作每隔 5min 取样分析一次，共测 5 次为止，记录实验数据。

注意事项

1. 在实验过程中，秒表不可以停。

2. 对于不同温度实验，开始记录时间要统一操作。

数据记录与处理

可将数据划分为两个表格进行记录。

表 1　40℃时硫酸链霉素水解消光值

t/min	10	20	30	40	50
E_t					
$E_\infty - E_t$					
$\lg(E_\infty - E_t)$					

实际温度/℃=______　　E_∞=______（完全水解：浅黄色澄清溶液，有麦芽香味）

表 2　50℃时硫酸链霉素水解消光值

t/min	5	10	15	20	25
E_t					
$E_\infty - E_t$					
$\lg(E_\infty - E_t)$					

实际温度/℃=______　　E_∞=______（完全水解：浅黄色澄清溶液，有麦芽香味）

思考题

1. 为什么说硫酸链霉素水溶液在碱性条件下水解为准一级反应？

2. 为什么必须准确测量全部水解后的消光值 E_∞，？以本实验的初始条件为基础，可估算出该值大致为多少？

3. 为什么要在当碱量加入至一半时才开始记录时间？

4. 为什么测量时要将 722 型分光光度计的波长设定为 520nm？

5. 本实验除采用分光光度法以外，还可以采用哪些方法测定药物有效期？试举例说明（直接或间接都可以）。

实验二十六

TiO_2 纳米材料的制备与表征

实验目的

1. 了解纳米材料的概念和基本制备方法。

2. 掌握溶胶-凝胶法制备纳米 TiO_2 的方法。

3. 了解表征纳米粒子的一些技术手段。

实验原理

纳米材料一般指粒径小于 100nm 的固体，它处于微观粒子与宏观物体之间的过渡状态，有很好的表面效应和体积效应，粒子的表面原子数量与总原子数之比随粒度的变小而急剧增大，纳米微粒的小尺寸效应、表面效应、量子尺寸效应及宏观量子隧道效应（所谓的四个效应）使得它们在电、磁、光、敏感性等方面表现出常规粒子不具备的特性。其中，纳米 TiO_2 是研究较多的材料，它的强度、韧性和超塑性与 TiO_2 粗晶相比大大提高，可用于生产优质的纳米陶瓷；纳米 TiO_2 因为无毒无污染、光电转换效率高，被国际光电学界认为是最有前途的太阳能电池光阳极材料，它还可用于导电涂料、导电塑料、复印纸、电磁波吸收、磁记录材料、气体传感器和温度传感器。纳米 TiO_2 的光吸收蓝移和宽化，对波长小于400nm 的紫外线有强烈吸收，可用于感光材料、隐身材料、红外线反射膜、高档涂料、日用卫生品、防晒化妆品、食品包装、功能纤维和建材等。特别是在催化领域的应用引起了广泛关注。在多种半导体材料中，TiO_2 因具有很好的化学稳定性和光催化特性而被认为是一种很有应用前景的光催化剂。

目前，纳米 TiO_2 的制备方法已有二十多种，最常用的主要有溶胶-凝胶（Sol-Gel）法、沉淀法和水热法。Sol-Gel 法是 20 世纪 60 年代发展起来的一种制备玻璃、陶瓷等无机材料的新工艺，近年来用于制备纳米微粒，由于制备方法简单，无需特殊设备而备受人们关注。溶胶（Sol）是指在某一方向上线度为 1～100nm 的固体粒子在适当液体介质中形成的分散体系，当溶胶中的液相因温度变化、搅拌作用、化学反应或电化学反应而部分失去时，体系黏度增大，达到一定程度时聚结成网状结构形成凝胶（Gel），将凝胶经过成型、老化、热处理可得到不同形态的产物。该法的优点是化学均匀性好、纯度高、粒径分布窄，但该法在制备过程中存在严重的团聚现象，尤其是硬团聚的产生，严重地影响纳米粉末优越性的发挥。硬团聚主要来自凝胶制备过程与干燥过程。

溶胶-凝胶法最主要的物理化学过程就是：金属醇盐的醇溶液，通过水解与缩聚反应制得溶胶，并进一步缩聚而得到凝胶。纳米 TiO_2 的溶胶-凝胶（Sol-Gel）制备法是以 $Ti(OC_4H_9)$ 为原料，乙醇为溶剂，经酸催化水解制得溶胶，再进一步缩聚形成凝胶。制备纳米 TiO_2 时，$Ti(OC_4H_9)$ 发生如下的水解缩聚反应。

水解：

$$Ti(OBu)_4 + nH_2O = Ti(OBu)_{4-n}(OH)_n + nHOBu$$

失水缩聚：

$$Ti—OH + HO—Ti = Ti—O—Ti + H_2O$$

失醇缩聚：

$$Ti—OR + HO—Ti = Ti—O—Ti + HOR$$

在反应中需加入催化剂，目的是为了控制 $Ti(OBu)_4$ 的水解和 $Ti(OBu)_{4-n}(OH)_n$ 单体的缩聚反应速率。水量的加入快慢也影响水解速度和程率。后期要适当降低机械搅拌的速率（这样可以减少颗粒与颗粒、颗粒与容器壁之间的碰撞，使形成的晶形更好）。凝胶经陈化，洗涤，干燥，焙烧，粉碎后制得纳米粉末。

纳米材料的表征方法很多，一般可以通过粉末 X 射线衍射（XRD）分析固体的物相组成，并可以用谢乐（Sherrer）公式估算颗粒的平均粒径：

$$d = K\lambda/(\beta \cdot \cos\theta) \qquad \beta = \sqrt{\beta_M - \beta_0}$$

式中，d 为平均晶粒尺寸；β_0 为仪器引起的峰宽化（以半峰宽表示）；β_M 为样品晶粒细化引起的峰宽化（以半峰宽表示）；θ 为衍射角；λ = 入射 X 射线波长，一般是 Cu 靶的 k_α = 0.15406nm；K = 0.89，常数（与晶体的形状、晶面指数、β 以及 d 有关）；忽略仪器宽化的影响，用实测半高宽 β_M 代替 $\beta_M \cdot \beta_S$ 计算，则谢乐（Scherrer）公式可简化为 $d=K\lambda/(\beta_M \cdot \cos\theta)$。

查看纳米粒子形貌的最直观方法是电子显微镜，通过电子显微镜可以明确制备的是不是纳米材料，是球状还是棒状、管状等，具体的尺寸大小。

仪器与试剂

1. 仪器

机械搅拌器 1 台、三颈瓶 1 个、滴液漏斗 1 个、烧杯、pH 试纸。

2. 试剂

四丁基钛酸酯（CR 或 AR)、无水乙醇（AR)、冰醋酸（AR)、盐酸（AR)。

实验步骤

1. 所有仪器经充分干燥后再进行以下操作。

2. 室温（25℃左右亦可将各试剂先在冰箱中冷藏数小时后使用）下将 10mL $Ti(OC_4H_9)$于剧烈搅拌下滴加到在三颈瓶中的 30mL 无水乙醇中，再滴加入 2mL 的冰醋酸，经过 15～20min 的搅拌，得到均匀透明的淡黄色溶液（1)。

3. 在 1mLH_2O（去离子水）和 10mL 无水乙醇配成的溶液中，剧烈搅拌下缓慢滴加 0.5mL 的 HCl，调节 pH=2 左右，得到溶液（2)。

4. 再于剧烈搅拌下将溶液（2）以约 1～2 滴/s 的速率缓慢滴加到溶液（1）中，得到均匀透明的淡黄色溶胶，减慢速度继续搅拌 1～3h，放置陈化过夜。

5. 过滤，用去离子水洗涤至无氯离子，再用无水乙醇洗涤两次，然后在 80℃下干燥 3h，得到未经煅烧的纳米 TiO_2 粉体。

6. 把制得的粉体置于马弗炉中在 400℃焙烧 2h，经研磨得到粉体，送测 XRD 和电子显微镜检测。

注意事项

将溶液（2）滴加到溶液（1）中，滴速一定要缓慢，否则得不到溶胶。

数据记录与处理

1. 各试剂用量

单位：mL

$Ti(OC_4H_9)$	无水乙醇(1)	冰醋酸	去离子水	无水乙醇(2)	盐酸

2. XRD 分析产品物相组成。

谢乐公式计算：

θ=________，β=________，λ=________

d=________

电子显微镜观察结果：________________。

思考题

1. 如何控制反应条件使制得的 TiO_2 粒径更小，哪几个环节会使粒子聚结？
2. 为什么不直接向四丁基钛酸酯中加水进行水解？
3. 试以亚甲基蓝为模拟污染物，用纳米 TiO_2 为光催化剂，设计催化性能测试的方法。
4. 纳米 TiO_2 为什么具有比其大粒子优越的光催化性能？

实验二十七 金属-空气电池的制备及性能检测

实验目的

1. 认识金属-空气电池的原理，制备出性能优良的空气电极。
2. 学会使用 DC-5C 电池性能综合测试仪检测所制备电池的性能。

实验原理

金属空气电池（meta-airbattery，MAB）是一类特殊的燃料电池，也是新一代绿色二次电池的代表之一，具有成本低、无毒、无污染、比功率高、比能量高等优点，既有丰富的资源，还能再生利用，是很有发展和应用前景的新能源。

金属-空气电池主要由正极、负极、电解液三大部分组成。当以电极电位较负的金属锌作负极，空气中的氧或纯氧作正极活性物质，碱性电解质水溶液作为电解液时，锌-空气电池可以表达为：

$$(-)Zn|KOH|O_2(+)$$

该类型电池的放电反应原理为

阳极（锌负极）反应： $Zn-2e^- \xlongequal{} Zn^{2+}$

阴极（空气电极）反应： $\frac{1}{2}O_2+H_2O+2e^- \xlongequal{} 2OH^-$

总的电池反应： $Zn+\frac{1}{2}O_2 \xlongequal{} ZnO$

由上述反应式可知，在放电过程中，氧气在三相界面上被电化学催化还原为氢氧根离子。氧在空气电极中进行还原时，首先要通过溶解进入电解液，在液相中扩散到电极表面后进行化学吸附，最后再进行电化学的还原反应。这个过程可以简要地表示为：

$$O_2 \xrightarrow{\text{溶解}} O_{2(\text{溶})} \xrightarrow{\text{扩散}} O_{2(\text{扩})} \xrightarrow{\text{化学吸附}} O_{2(\text{吸})} \xrightarrow{\text{电化学还原}} OH^-$$

本实验中空气电极采用的是由金属导电网、防水层、催化层压制而成疏水透气结构，该电极的制备直接影响氧气的扩散，对整个电池的充放电性能具有重要的影响。

仪器与试剂

1. 仪器

DC-5C 电池性能综合测试仪、对辊机、压片机、恒温水浴锅、超声波清洗器、镍网、锌片、电池壳。

2. 试剂

二氧化锰、活性炭、乙炔黑、无水乙醇、60%聚四氟乙烯（PTFE）乳液、6mol·L^{-1} NaOH 电解液。

实验步骤

1. 催化层的制备

用电子天平精确称量配比一定的二氧化锰、活性炭、乙炔黑，并将称量好的混合物放入烧杯中，加 20mL 无水乙醇超声振荡 30min 使其分散；加入 60%的 PTFE 乳液，继续超声振荡 30min；在 60℃恒温条件下搅拌，使乙醇蒸发，直至混合物成纤维团状。将团状物在对辊机上反复辊压成为厚度 0.3mm 左右的柔软而有韧性的催化薄膜。

2. 防水层的制备

取一定量乙炔黑，按 1∶1 的比例加入 PTFE 乳液，其余制备工艺与催化层的制备类似，制得防水层。

3. 空气电极的制备及电池组装

空气电极的制备工艺流程如图 9-6 所示。将制备好的催化层和防水层裁成矩形薄膜，以镍网为集流体，将催化层放在集流体上，另一侧放防水层，外边包上滤纸（防止催化层或防水膜粘在压片机上），在一定压力（3MPa）下冷压，即制成“三明治”结构的空气电极。将制备好的空气电极和锌片及 6mol·L^{-1} NaOH 电解液放在电池壳中，组成锌-空气电池。

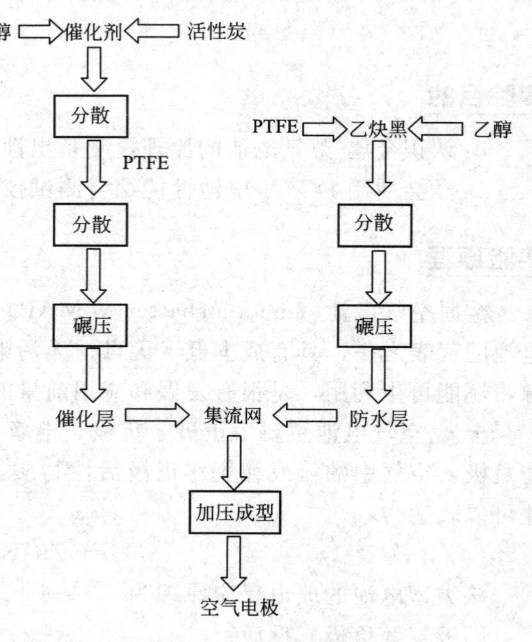

图 9-6 空气电极制备工艺流程图

4. 电池充放电曲线的测定

(1) 连接电池充放电的测试线路，DC-5C 电池性能测试仪的红夹子接电池的正极（空气电极），黑夹子接电池的负极（锌）。按下电池性能测试仪的电源开关。

(2) 启动微机进入 Windows 桌面后，双击“DC5”快捷图标，启动 DC-5C 控制程序。

(3) 在“设定”菜单下，设定工作参数如下。

样品重量：	数据文件名：
充电电流(在 DC5 面板调节)：	放电电流(在 DC5 面板调节)：
充电-V 限制[0(off)～250mV]：off	充电结束间隔(0～255min)：0
放电结束间隔(0～255min)：0	采样间隔(5～10mV)：20
充电限制电压(0～4V)：	充电时间(0.017～99h)：
放电限制(0～4.0V/0.017～99h)：0.75V	循环次数：1

按“S”键发送设置参数至 DC5，按 F1 键设置下一台 DC5。

相关键的功能说明：ESC-退出；F3-返回主菜单；←↑→↓——选择项目；回车——确

认或运行。

（4）在主菜单下，点击“运行”，并按 DC5 面板的“RUN”。仪器开始运行并自动记录数据。

（5）DC-5C 面板显示“ALLd”字样，表示实验结束。

注意事项

DC-5C 电池性能综合测试仪工作参数设定时，“充电电流”和“放电电流”可按实际情况设置。

数据记录与处理

运行“DC-5C 数据、曲线查看、打印软件”，查看程序，打印实验结果。根据电池充放电曲线，分别标出实验条件下各曲线相应的充电和放电时间。

思考题

1. 如何根据实验结果计算所制备电池的容量？
2. 查阅相关资料，说说判断电池性能优劣有哪些指标？

附 录

附录Ⅰ 国际单位制（SI）

表1 国际单位制（SI）的基本单位

量的名称	单位名称	符号	
		中文	国际
长度	米	米	m
质量	千克(公斤)	千克(公斤)	kg
时间	秒	秒	s
电流	安[培]	安	A
热力学温度	开[尔文]	开	K
发光强度	坎[德拉]	坎	cd
物质的量	摩[尔]	摩	mol

表2 国际单位制中具有专门名称的某些导出单位

量的名称	单位名称	符号	
		中 文	国 际
频率	赫[兹]	赫	Hz
力、重力	牛[顿]	牛	N
压强、应力	帕[斯卡]	帕	Pa
能、功、热量	焦[耳]	焦	J
功率、辐(射)通量	瓦[特]	瓦	W
电荷、电量	库[仑]	库	C
电位、电压、电动势	伏[特]	伏	V
电容	法[拉]	法	F
电阻	欧[姆]	欧	Ω
电导	西[门子]	西	S
电感	亨[利]	亨	H
磁通量密度、磁感应强度	特[斯拉]	特	T
磁通[量]	韦[伯]	韦	Wb
光通[量]	流[明]	流	Lm
[光]照度	勒[克斯]	勒	lx

附录Ⅱ 一些物理化学常数

常 数	符号	数值	单位(SI)
真空中的光速	c_0	$2.99792458(12)\times10^{8}$	$m\cdot s^{-1}$
真空磁导率	$\mu_0=4\pi\times10^{-7}$	12.566371×10^{-7}	$H\cdot m^{-1}$
真空电容率	$\varepsilon_0=(\mu_0c^2)^{-1}$	$8.85418782(7)\times10^{-12}$	$F\cdot m^{-1}$
基本电荷	e	$1.60217733(49)\times10^{-19}$	C
精细结构常数	$a=\mu_0ce^2/2h$	$7.29735308(33)\times10^{-3}$	

续表

常　　数	符号	数值	单位(SI)
普朗克常数	h	$6.6260755(40)\times10^{-34}$	$J\cdot s^{-1}$
阿伏加德罗常数	L	$6.0221367(36)\times10^{23}$	mol^{-1}
电子静止质量	m_e	$9.1093897(54)\times10^{-31}$	kg
质子静止质量	m_p	$1.6726231(10)\times10^{-27}$	kg
中子静止质量	m_n	$1.6749286(10)\times10^{-27}$	kg
法拉第常数	F	$9.6485309(29)\times10^{4}$	$C\cdot mol^{-1}$
里德堡常数	R_∞	$1.0973731534(13)\times10^{7}$	m^{-1}
玻尔半径	$a_0=a/4\pi R_\infty$	$5.29177249(24)\times10^{-11}$	m
玻尔磁子	$\mu_B=eh/4\pi m_e$	$9.2740154(31)\times10^{-24}$	$J\cdot T^{-1}$
核磁子	$\mu_N=eh/2m_pc$	$5.0507866(17)\times10^{-27}$	$J\cdot T^{-1}$
摩尔气体常数	R	8.314510(70)	$J\cdot K^{-1}\cdot mol^{-1}$
玻尔兹曼常数	$K=R/L$	$1.380658(12)\times10^{-23}$	$J\cdot K^{-1}$

附录Ⅲ　不同温度下水的一些物理性质

t/℃	黏度/厘泊①	表面张力②/$10^{-3}N\cdot m^{-1}$	折射率③	密度/$kg\cdot m^{-3}$
10	1.3077	74.22		999.6996
11	1.2713	74.07		999.6051
12	1.2363	73.93		999.4974
13	1.2028	73.78		999.3771
14	1.1709	73.64	1.33348	999.2444
15	1.1404	73.49	1.33341	999.0996
16	1.1111	73.34	1.33333	998.9430
17	1.0828	73.19		998.7749
18	1.0559	73.05	1.33317	998.5956
19	1.0299	72.90		998.4052
20	1.0050	72.75	1.33299	998.2041
21	0.9810	72.59		997.9925
22	0.9579	72.44	1.33281	997.7705
23	0.9358	72.28		997.5385
24	0.9142	72.13	1.33262	997.2965
25	0.8937	71.97		997.0449
26	0.8737	71.82	1.33241	996.7837
27	0.8545	71.66		996.5132
28	0.8360	71.50	1.33219	996.2335
29	0.8180	71.35		995.9448
30	0.8007	71.18	1.33192	995.6473
31	0.7840			995.3410
32	0.7679		1.33164	995.0262
33	0.7523			994.2030
34	0.7371		1.33136	994.3715
35	0.7225	70.38		994.0319
36	0.7085		1.33107	993.6842
37	0.6947			993.3287
38	0.6814		1.33079	992.9653
39	0.6685			992.5943
40	0.6560	69.56	1.33051	992.2158

① 厘泊$=10^{-3}Pa\cdot s$；

② 水和空气界面上的表面张力；

③ 相对于空气；钠光波长 589.3nm。

附录Ⅳ　不同温度下水的饱和蒸气压

t/℃	0.0	0.2	0.4	0.6	0.8
	p/kpa	p/kpa	p/kpa	p/kpa	p/kpa
10	1.2278	1.2443	1.2610	1.2779	1.2951
11	1.3124	1.3300	1.3478	1.3658	1.3839
12	1.4023	1.4210	1.4397	1.4527	1.4779
13	1.4973	1.5171	1.5370	1.5572	1.5776
14	1.5981	1.6191	1.6401	1.6615	1.6831
15	1.7049	1.7269	1.7493	1.7718	1.7946
16	1.8177	1.8410	1.8648	1.8886	1.9128
17	1.9372	1.9618	1.9869	2.0121	2.0377
18	2.0634	2.0896	2.1160	2.1426	2.1694
19	2.1967	2.2245	2.2523	2.2805	2.3090
20	2.3378	2.3669	2.3963	2.4261	2.4561
21	2.4865	2.5171	2.5482	2.5796	2.6114
22	2.6434	2.6758	2.7086	2.7418	2.7751
23	2.8088	2.8430	2.8775	2.9124	2.9478
24	2.9833	3.0195	3.0560	3.0928	3.1299
25	3.1672	3.2049	3.2432	3.2820	3.3213
26	3.3609	3.4009	3.4413	3.4820	3.5232
27	3.5649	3.6070	3.6496	3.6925	3.7358
28	3.7795	3.8237	3.8683	3.9135	3.9593
29	4.0054	4.0519	4.0990	4.1466	4.1944
30	4.2428	4.2918	4.3411	4.3908	4.4412
31	4.4923	4.5439	4.5957	4.6481	4.7011
32	4.7547	4.8087	4.8632	4.9184	4.9740
33	5.0301	5.0869	5.1441	5.2020	5.2605
34	5.3193	5.3787	5.4390	5.4997	5.5609
35	5.6229	5.6854	5.7484	5.8122	5.8766
36	5.9412	6.0067	6.0727	6.1395	6.2069
37	6.2751	6.3437	6.4130	6.4830	6.5537
38	6.6250	6.6969	6.7693	6.8425	6.9166
39	6.9917	7.0673	7.1434	7.2202	7.2976
40	7.3759	7.451	7.534	7.614	7.695

附录Ⅴ　一些有机化合物的密度与温度的关系

表中列出的有机化合物的密度计算公式为：

$$\rho_t=[\rho_0+\alpha t\times10^{-3}+\beta t^2\times10^{-6}+\gamma t^3\times10^{-9}]\pm\Delta10^{-4}$$

式中，ρ_0 为 0℃的密度；ρ_t 为 t℃的密度，Δ 为误差范围。

化合物	分子式	ρ_0/(g·cm^{-3})	α	β	γ	温度范围/℃	误差范围 Δ
四氯化碳	CCl_4	1.63255	−1.9110	−0.690		0～40	0.0002
氯仿	$CHCl_3$	1.52643	−1.8563	−0.5309	−8.81	−53～+55	0.0001
甲醇	CH_3OH	0.80909	−0.9253	−0.41			
乙醇①	C_2H_5OH	0.78506	−0.8591	−0.56	−5	10～40	
丙酮	C_3H_6O	0.81248	−1.100	−0.858		0～50	0.001

续表

化合物	分子式	$\rho_0/(g\cdot cm^{-3})$	α	β	γ	温度范围/℃	误差范围 Δ
乙酸甲酯	$C_3H_6O_2$	0.93932	−1.2710	−0.405	−6.09	0～100	0.001
乙酸乙酯	$C_4H_8O_2$	0.92454	−1.168	−1.95	20	0～40	0.00005
乙醚	$C_4H_{10}O$	0.73629	−1.1138	−1.237		0～70	0.0001
苯	C_6H_6	0.90005	−1.0638	−0.0376	−2.213	11～72	0.0002
酚	C_6H_5OH	1.03893	−0.8188	−0.67		40～150	0.001

① 0.78506 为 25℃的密度，用上述公式计算时，温度项用（t−25）代入。

附录Ⅵ　一些有机溶剂的饱和蒸气压与温度的关系

表中所列的物质的蒸气压符合如下方程：

$$\lg p = a - b/(c+t)$$

式中，p 为蒸气压，mmHg；t 温度，℃；a、b、c 为表中的常数。

物质	分子式	正常沸点/℃	方程适用的温度范围/℃	a	b	c
四氯化碳	CCl_4	76.6	−19～+20	8.004	33914	
三氯甲烷	$CHCl_3$	61.3	−30～+150	6.90328	1163.03	227.4
甲醇	CH_4O	64.65	−10～+80	8.8017	38324	
醋酸	$C_2H_4O_2$	118.2	0～+36	7.80307	1651.2	225
乙醇	C_2H_6O	78.37		8.04494	1554.3	222.65
丙酮	C_3H_6O	56.5		7.0244	1161.0	200.22
乙酸乙酯	$C_4H_8O_2$	77.06	−20～+150	7.09808	1238.71	217.0
乙醚	$C_4H_{10}O$	34.6		6.78574	994.19	220.0
苯	C_6H_6	80.10	5.53～104	6.89745	1206.350	220.237
环已烷	C_6H_{12}	80.74	6.56～105	6.84498	1203.526	222.863

附录Ⅶ　一些有机化合物的折射率及温度系数

化 合 物	分子式	n_D^{15}	n_D^{20}	n_D^{25}	$10^5\times(dn/dt)$
四氯化碳	CCl_4	1.4631	1.4603	1.459	−55
三溴甲烷	$CHBr_3$	1.6005			−57
三氯甲烷	$CHCl_3$	1.4486	1.4456		−59
二碘甲烷	CH_2I_2	1.7443			−64
甲醇	CH_3OH	1.3306	1.3286	1.326	−40
乙醇	C_2H_5OH	1.3633	1.3613	1.359	−40
丙酮	C_3H_6O	1.3616	1.3591	1.357	−49
正丁酸	$C_4H_8O_2$		1.3980	1.396	
溴苯	C_6H_5Br	1.5625	1.5601	1.557	−48
氯苯	C_6H_5Cl	1.5275	1.5246		−58
碘苯	C_6H_5I	1.6230			−55
苯	C_6H_6	1.5044	1.5011	1.498	−66
正丁酸乙酯	$C_6H_{12}O_2$		1.4000		
甲苯	$C_6H_5CH_3$	1.4999	1.4969	1.4941	−57
甲基环己烷	C_7H_{14}	1.4256	1.4231	1.421	−47
环己烷	C_6H_{12}	1.4290			
二硫化碳	CS_2	1.6319	1.6280		−78

附录Ⅷ 甘汞电极的电极电势与温度的关系

电极名称	符 号	φ/V(vs. NHE)
饱和甘汞电极	SCE	$0.2412-6.61\times10^{-4}(t-25)-1.75\times10^{-6}(t-25)^2-9\times10^{-9}(t-25)^3$
标准甘汞电极	NCE	$0.2801-2.75\times10^{-4}(t-25)-2.50\times10^{-6}(t-25)^2-4\times10^{-9}(t-25)^3$
0.1 标准甘汞电极	0.1NCE	$0.3337-8.75\times10^{-5}(t-25)-3\times10^{-6}(t-25)^2$

附录Ⅸ 一些强电解质溶液的活度系数（25℃）

电解质	$m/(\mathrm{mol\cdot kg^{-1}})$									
	0.01	0.1	0.2	0.3	0.4	0.5	0.6	0.7	0.8	0.9
$AgNO_3$	0.90	0.734	0.657	0.606	0.567	0.536	0.509	0.485	0.464	0.446
$CuCl_2$		0.508	0.455	0.429	0.417	0.411	0.409	0.409	0.41	0.413
$Cu(NO_3)_2$		0.511	0.460	0.439	0.429	0.426	0.427	0.431	0.437	0.445
$CuSO_4$	0.40	0.150	0.104	0.0829	0.0704	0.0620	0.0559	0.0512	0.0475	0.0446
HCl		0.796	0.767	0.756	0.755	0.757	0.763	0.772	0.783	0.795
H_2SO_4		0.2655	0.2090	0.1826	—	0.1557	—	0.1417	—	—
KCl		0.770	0.718	0.688	0.666	0.649	0.637	0.626	0.618	0.610
$K_4Fe(CN)_6$		0.139	0.0993	0.0808	0.0693	0.0614	0.0556	0.0512	0.0479	0.0454
KNO_3		0.739	0.663	0.614	0.576	0.545	0.519	0.496	0.476	0.459
NH_4Cl		0.770	0.718	0.687	0.665	0.649	0.636	0.625	0.617	0.609
NH_4NO_3		0.740	0.677	0.636	0.606	0.582	0.562	0.545	0.530	0.516
NaOH		0.766	0.727	0.708	0.697	0.690	0.685	0.681	0.679	0.678
$ZnCl_2$		0.515	0.462	0.432	0.411	0.394	0.380	0.369	0.357	0.348
$ZnSO_4$	0.387	0.150	0.140	0.0835	0.0714	0.0630	0.0569	0.0523	0.0487	0.0458
NaCl	0.9032	0.778	0.735	0.710	0.693	0.681	0.673	0.667	0.662	0.659

附录Ⅹ 标准电极电势及其温度系数

电 极 反 应	$\varphi^{\ominus}/V^{*}$	$(d\varphi^{\ominus}/dT)/(\mathrm{mV\cdot K^{-1}})$
$Ag^{+}+e^{-}=Ag$	+0.7991	−1.000
$AgCl+e^{-}=Ag+Cl^{-}$	+0.2224	−0.658
$AgI+e^{-}=Ag+I^{-}$	−0.151	−0.284
$Ag(NH_3)_2^{+}+e^{-}=Ag+2NH_3$	+0.373	−0.460
$Cl_2(g)+2e^{-}=2Cl^{-}$	+1.3595	−1.260
$2HClO(aq)+2H^{+}+2e^{-}=Cl_2(g)+2H_2O$	+1.63	−0.14
$Cr_2O_7^{2-}+14H^{+}+6e^{-}=2Cr^{3+}+7H_2O$	+1.33	−1.263
$HCrO_4+7H^{+}+4e^{-}=Cr^{3+}+4H_2O$	+1.2	
$Cu^{+}+e^{-}=Cu$	+0.521	−0.058
$Cu^{2+}+2e^{-}=Cu$	+0.337	+0.008
$Cu^{2+}+e^{-}=Cu^{+}$	+0.153	+0.073
$Fe^{2+}+2e^{-}=Fe$	−0.440	+0.052
$Fe(OH)_2+2e^{-}=Fe+2OH^{-}$	−0.877	−1.06
$Fe^{3+}+e^{-}=Fe^{2+}$	+0.771	+1.188
$Fe(OH)_3+e^{-}=Fe(OH)_2+OH^{-}$	−0.56	−0.96
$2H^{+}+2e^{-}=H_2(g)$	0.0000	0.0
$2H^{+}+2e^{-}=H_2(aq.\ sat)$	+0.0004	+0.033

续表

电 极 反 应	$\varphi^{\ominus}/V$	$(d\varphi^{\ominus}/dT)/(mV\cdot K^{-1})$
$Hg_2Cl_2+2e^- = 2Hg+2Cl^-$	+0.2676	−0.317
$HgS+2e^- = Hg+S^{2-}$	−0.69	−0.79
$Hg_2^{2+}+2e^- = 2Hg$	+0.792	
$Li^++e^- = Li$	−3.045	−0.534
$Na^++e^- = Na$	−2.714	−0.772
$Ni^{2+}+2e^- = Ni$	−0.250	+0.06
$O_2(g)+2H^++2e^- = H_2O_2(aq)$	+0.682	−1.033
$O_2(g)+4H^++4e^- = 2H_2O(aq)$	+1.229	−0.846
$O_2(g)+2H_2O+4e^- = 4OH^-$	+0.401	−1.680
$H_2O_2(aq)+2H^++2e^- = 2H_2O$	+1.77	−0.658
$2H_2O+2e^- = H_2+2OH^-$	−0.8281	−0.8342
$Pb^{2+}+2e^- = Pb$	−0.126	−0.451
$PbO_2+H_2O+2e^- = PbO(red)+2OH^-$	+0.248	−1.194
$PbO_2+SO_4^{2-}+4H^++2e^- = PbSO_4+2H_2O$	+1.685	−0.326
$S+2H^++2e^- = H_2S(aq)$	+0.141	−0.209
$Sn^{2+}+2e^- = Sn(white)$	−0.136	−0.282
$Sn^{4+}+2e^- = Sn^{2+}$	+0.15	
$Zn^{2+}+2e^- = Zn$	−0.7628	+0.091
$Zn(OH)_2+2e^- = Zn+2OH^-$	−1.245	−1.002

附录Ⅺ IUPAC推荐的五种标准缓冲溶液pH值

t/℃	溶液				
	①	②	③	④	⑤
0		4.003	6.984	7.534	9.464
5		3.999	6.951	7.500	9.395
10		3.998	6.923	7.472	9.332
15		3.999	6.900	7.448	9.276
20		4.002	6.881	7.429	9.225
25	3.557	4.008	6.865	7.413	9.180
30	3.552	4.015	6.853	7.400	9.139
35	3.549	4.024	6.844	7.389	9.102
38	3.548	4.030	6.840	7.384	9.081
40	3.547	4.035	6.838	7.380	9.068
45	3.547	4.047	6.834	7.373	9.038
50	3.549	4.060	6.833	7.367	9.011

① 25℃时饱和酒石酸氢钾溶液（$0.0341mol\cdot kg^{-1}$）；

② $0.05mol\cdot kg^{-1}$的邻苯二钾酸氢钾溶液；

③ $0.025mol\cdot kg^{-1}$的KH_2PO_4和$0.025mol\cdot kg^{-1}$的Na_2HPO_4溶液；

④ $0.008695mol\cdot kg^{-1}$的KH_2PO_4和$0.03043mol\cdot kg^{-1}$的Na_2HPO_4溶液；

⑤ $0.01mol\cdot kg^{-1}$的$Na_2B_4O_7$溶液。

附录Ⅻ　77～84K温度下O_2和N_2的饱和蒸气压

单位：kPa

T/K		0	1	2	3	4	5	6	7	8	9
77	N_2	729.2	737.9	746.6	755.4	746.3	773.3	782.3	791.5	800.6	809.9
	O_2	147.98	150.2	152.30	154.46	156.75	159.05	161.37	163.86	166.25	168.69
78	N_2	819.3	828.8	838.4	847.9	857.6	867.5	877.3	887.2	879.2	907.1
	O_2	171.15	173.67	176.08	178.50	181.15	183.73	186.43	189.03	191.65	194.36
79	N_2	917.4	927.8	938.4	948.6	959.2	969.8	980.6	991.3	1002.2	1013.2
	O_2	197.10	199.85	202.67	205.45	208.32	211.30	214.12	217.07	220.06	223.07
80	N_2	1024.3	1035.4	1046.7	1058.2	1069.4	1080.8	1092.6	1104.3	1116.1	1127.9
	O_2	226.12	229.20	232.32	235.47	238.65	241.86	245.12	248.41	251.73	255.09
81	N_2	1139.9	1152.0	1164.1	1176.3	1188.8	1201.2	1212.7	1226.4	1229.1	1251.9
	O_2	258.48	261.91	265.38	268.88	272.43	276.00	279.62	283.30	286.93	290.67
82	N_2	1264.9	1277.9	1291.0	1303.8	1317.5	1330.9	1344.5	1558.0	1371.7	1385.6
	O_2	294.44	298.24	302.07	305.98	309.87	313.84	317.84	321.85	325.96	330.07
83	N_2	1399.4	1413.5	1427.6	1441.8	1456.1	1470.6	1485.1	1499.7	1514.4	1529.2
	O_2	334.24	338.45	342.69	346.95	351.30	355.68	360.09	364.55	369.04	373.59
84	N_2	1544.2	1559.2	1574.4	1589.6	1605.0	1620.4	1636.0	1651.7	1667.4	1683.3
	O_2	378.18	382.81	387.52	392.21	396.98	401.79	406.65	411.55	416.49	421.50

参考文献

[1] 蒋月秀，等编. 物理化学实验 . 上海：华东理工大学出版社，2005.

[2] 傅献彩，等编. 物理化学（上、下），第 5 版 . 北京：高等教育出版社，2006.

[3] 孙尔康，等编. 物理化学实验 . 南京：南京大学出版社，2009.

[4] 宿辉等，编. 物理化学实验 . 北京：北京大学出版社，2011.

[5] 武汉大学化学与分子科学学院实验中心编. 物理化学实验 . 武汉：武汉大学出版社，2012.

[6] 罗士平，等编. 物理化学实验 . 北京：化学工业出版社，2010.

[7] 何畏，等编. 物理化学实验 . 北京：科学出版社，2009.